I0077358

BULLETIN DE LA STATION AGRONOMIQUE DE L'EST

RECHERCHES SUR LE RÔLE

DES

MATIÈRES ORGANIQUES DU SOL

DANS LES

PHÉNOMÈNES DE LA NUTRITION

DES VÉGÉTAUX

PAR

M. L. GRANDEAU

Directeur de la Station agronomique de l'Est,
Professeur à la Faculté des sciences et à l'École forestière,
Président de la Société centrale d'agriculture
de Meurthe-et-Moselle,
etc., etc.

DEUXIÈME MÉMOIRE

NANCY
IMPRIMERIE BERGER-LEVRAULT ET Cⁱᵉ
11, RUE JEAN-LAMOUR, 11
1872

PUBLICATION DE LA STATION AGRONOMIQUE DE L'EST

LES

MATIÈRES ORGANIQUES DU SOL

ET LA

NUTRITION MINÉRALE DES VÉGÉTAUX

DEUXIÈME MÉMOIRE

L'examen comparatif des terres noires de Russie et de quelques sols moins fertiles que ces dernières m'a conduit à une interprétation nouvelle du rôle des substances organiques dans la nutrition des végétaux. Appuyée sur un nombre restreint d'analyses de sol et sur quelques essais de dialyse seulement, cette interprétation, pour acquérir le degré de certitude que doit présenter toute doctrine scientifique destinée à servir de point de départ à des applications pratiques, rendait indispensables des recherches expérimentales dans diverses directions.

Si mon hypothèse sur l'une des causes fondamentales de fertilité des sols est vraie, il en découle un certain nombre de faits principaux dont la démonstration devait avant tout me préoccuper. Depuis la publication de mon premier travail, j'ai analysé trente sols et sous-sols d'origine et de nature diverses; j'ai, en outre, institué plusieurs séries d'expériences dans le but de vérifier les déductions théoriques auxquelles m'amenaient mes premières recherches. C'est l'ensemble des résultats obtenus dans cette double voie de l'analyse et de l'expérimentation que je me propose d'exposer à nos lecteurs. J'espère les convaincre, par

1

là, de la nécessité absolue pour le cultivateur de recourir à l'emploi des matières organiques et, par conséquent, du fumier, dans l'entretien des terres arables, et leur prouver par des faits indéniables le danger et la fausseté du système exclusif des fumures chimiques aujourd'hui complétement condamné, d'ailleurs, par tout ce que la science et la pratique agricoles comptent d'hommes compétents.

Voici l'ordre dans lequel j'exposerai les recherches expérimentales poursuivies depuis six mois dans le but de préciser le rôle de la matière noire dans la nutrition des végétaux :

1° Essais comparatifs de culture dans la terre de Russie naturelle et dans le même sol privé de sa matière noire;

2° Essais comparatifs de culture dans des sols de nature diverse additionnés ou non de matières organiques;

3° Essais de végétation dans des dissolutions de matière noire;

4° Analyses de trente-quatre sols et sous-sols groupés sous les trois catégories suivantes:

a, *sols agricoles indéfiniment fertiles sans fumures (3 sols);*

b, *sols agricoles fertiles, à condition qu'on les fume (14 sols);*

c, *sols et sous-sols forestiers indéfiniment fertiles sans fumures (13 sols).*

5° De l'origine de l'acide phosphorique dans les sols granitiques;

6° Résumé et conclusions pratiques.

J'insisterai spécialement, dans le cours de cet exposé, sur les faits qui intéressent plus directement les agriculteurs, réservant pour une publication ultérieure l'examen des questions purement scientifiques soulevées par le complexe problème des causes de la fécondité des sols.

I. — *Essais comparatifs de culture dans la terre de Russie.*

J'ai admis, comme résultat de mes précédentes études sur les terres noires, que la principale cause de leur fertilité réside dans l'état particulier où s'y trouvent les principes minéraux indispensables au développement des végétaux. J'ai montré que, suivant moi, on doit classer en deux catégories tout à fait distinctes les aliments minéraux des plantes, et notamment l'acide phosphorique : d'une part, ceux qui, combinés à la matière organique, sont immédiatement assimilables par les plantes; de l'autre, ceux qui, existant dans le sol à l'état purement minéral, en constituent la réserve et ne deviendront assimilables que par leur combinaison avec les substances organiques. Si l'hypothèse, ainsi posée, est vraie, on doit, en enlevant à un sol indéfiniment fertile, tel que la terre noire de Russie, les matières minérales combinées à la matière organique, et rien qu'elles, lui enlever par ce seul fait sa fertilité, bien qu'il contienne encore, à l'état organique, assez de phosphates et d'autres principes pour nourrir des végétaux, si ces derniers n'étaient pas inaptes à se les assimiler sous la forme où les leur offre le sol.

On ne doit pas oublier qu'il suffit que l'un des aliments minéraux importants des plantes fasse défaut dans le sol ou s'y trouve à un état non assimilable pour que le sol soit stérile. Cela est surtout vrai de l'acide phosphorique, dont les principales combinaisons naturelles sont insolubles; c'est pourquoi mon attention s'est particulièrement portée, depuis que je m'occupe de ce sujet, sur la recherche des conditions d'assimilation des phosphates par les plantes et sur le mécanisme de cette assimilation.

La matière noire, soluble dans l'ammoniaque, est-elle,

comme j'en suis convaincu, le véhicule des aliments minéraux des plantes ? En la supprimant dans un sol fertile, on
doit enlever à ce dernier la faculté de nourrir des plantes,
on doit le rendre stérile.' Si, au contraire, mon interprétation est erronée, la soustraction de la matière noire ne doit
exercer qu'une influence presque insensible, car le sol auquel on l'enlève contient encore, selon les cas, dix fois,
vingt fois plus d'éléments minéraux, et notamment d'acide
phosphorique, qu'il n'en faut pour obtenir une récolte.

Un essai direct de culture pouvait seul résoudre la question. Voici comment il a été conduit :

Un kilogramme de terre noire de Russie préalablement
mélangée avec soin et desséchée à l'air a été divisée en deux
parties égales destinées, l'une (A) à être débarrassée de la
matière noire, l'autre (B) à être employée comparativement
sans avoir subi aucune modification.

La terre A a été traitée par une solution chlorhydrique
contenant par litre 10 centimètres cubes d'acide pur. On a
prolongé le lavage à l'eau acidulée jusqu'au moment où la
liqueur qui s'écoulait du sol ne précipitait plus par l'oxalate
d'ammoniaque et, par conséquent, ne contenait plus de chaux
en dissolution. On a ensuite lavé la terre à l'eau distillée,
et l'on s'est arrêté seulement lorsque l'eau filtrant au travers
du sol ne précipitait plus par l'azotate d'argent, ce qui in-
diquait que tout l'acide chlorhydrique avait été entraîné
dans ce lavage. La terre ainsi lavée a été traitée par l'eau
ammoniacale, afin de dissoudre toute la matière noire,
comme je l'ai à plusieurs reprises indiqué dans la première
partie de mon travail. Cette opération nécessite quelques
soins et beaucoup de patience, car elle doit être faite sur
de petites quantités de terre à la fois, si l'on veut débarrasser complétement le sol des matières solubles dans l'ammoniaque. Lorsque l'eau ammoniacale mise en contact avec la

terre reste incolore, l'opération est terminée; on lave alors à l'eau distillée la terre, devenue presque complétement blanche, et l'on s'arrête lorsque toute l'ammoniaque emprisonnée mécaniquement dans le sol a été entraînée par l'eau. La terre est alors étendue en couches minces sur du papier buvard et complétement desséchée à l'air libre. Cette terre diffère du sol naturel par les petites quantités de chaux, d'alumine et de fer que l'eau acidulée lui a enlevées, et par l'absence totale des matières minérales combinées à la matière organique et que l'ammoniaque a dissoutes.

Le 24 juin 1872, je remplis respectivement deux pots à fleurs, en terre poreuse, des sols A et B également séchés à l'air libre.

Le pot n° 1 contient la terre dépourvue des matières solubles dans l'ammoniaque; cette terre pèse 479 grammes.

Le pot n° 2 renferme la terre de Russie naturelle, pesant 469 gr.: on humecte soigneusement, jusqu'à saturation, les deux sols avec de l'eau distillée: le pot n° 1 a augmenté de 238 gr.; le pot n° 2, de 251 gr.; la terre naturelle absorbe donc pour se saturer 53,5 p. % de son poids d'eau, tandis qu'il n'en faut que 49,7 p. %, à la terre traitée par l'ammoniaque; l'influence de la matière organique sur le pouvoir absorbant du sol pour l'eau est assez notable: la différence s'élève à 7 p. % de la quantité d'eau absorbée.

Le 24 juin, je plante dans chacun des pots 3 haricots d'espèce dite *naine* en enfonçant chaque graine à 0^m,005 au-dessous de la surface. Le tableau comparatif ci-dessous permettra de suivre la végétation dans les deux pots jusqu'à la fin de l'expérience.

Pot n° 1. — Terre privée de matière noire.

24 juin. 3 haricots plantés.
16 juillet. Levée du 1er haricot.

10 et 20 juillet. Levée des deux autres graines.

24 juillet. On arrache deux des plants.

25 —. Les deux cotylédons du haricot restant tombent.

17 août. Le haricot a trois feuilles complètes, le quatrième, qui a paru le 10 août, ne croît pas.

18 août. Deux des feuilles complètes sèchent et tombent, les bourgeons axillaires semblent malades, leur développement est complétement enrayé.

20 septembre. Pas d'apparence de boutons à fleurs.

20 · · —   Arrêt complet du développement de la plante.

10 octobre. Les feuilles se flétrissent, la plante meurt.

15 —   On coupe la tige.

Pot n° 2. — Terre de Russie naturelle.

24 juin. 3 haricots plantés.

19 juillet. Levée du 1er haricot.

21 et 22 juillet. Levée des deux autres graines.

27 juillet. On arrache deux des plantes.

17 août. Chute des feuilles cotylédonaires qui ont persisté jusque-là.

16 —   Le haricot a quatre feuilles complètes très-vigoureuses. Les bourgeons axillaires se développent bien. Le 25 août, le haricot a sept feuilles complètes bien développées ; les boutons à fleurs sont apparents.

Le 13 septembre. Floraison, 2 fleurs.

20 septembre. 2 autres fleurs.

20   —   De nouvelles feuilles se montrent.

1er octobre. 2 fleurs ont donné des fruits qui se développent ; les deux autres avortent.

15 octobre. La plante est encore verte. On coupe la tige et l'on sépare les fruits.

Il va sans dire que les deux pots ont constamment été placés dans des conditions identiques. Pendant toute la durée de l'expérience, ils ont été soigneusement entretenus ; on les a arrosés chaque fois que cela a été nécessaire, avec de l'eau distillée ; la terre a été fréquemment remuée autour des racines ; enfin toutes les précautions ont été prises pour que la comparaison entre les résultats fût aussi étroite que possible, toutes les conditions étant égales, sauf celle qui concerne la matière noire.

Comme on le voit, la marche de la végétation a été très-différente. Dans la terre noire naturelle elle a suivi les

phases normales, tandis que la terre traitée par l'ammoniaque a présenté tous les caractères d'une terre stérile :
chute rapide des cotylédons, feuilles petites et peu nom-
breuses, caduques; ni fleurs, ni fruits. En enlevant la tige
des deux haricots avec des ciseaux, j'ai constaté, en outre,
que celle du haricot bien venant était pleine, résistante et
vigoureuse, tandis que l'autre, entièrement creuse et prenant, par conséquent, uniquement sa nourriture par la pé-
riphérie, était atrophiée comme le reste de la plante; cette
dernière semble n'avoir reçu d'autre nourriture que celle
que l'air et l'eau ont pu lui apporter. La racine du haricot
bien venant était pourvue d'un chevelu considérable qui
envahissait tout le pot; celle de l'autre haricot portait huit
à dix radicules grêles de $0^m,010$ à $0^m,015$ de longueur totale. J'ai incinéré isolément les deux tiges de haricots; la
première (celle du pot n° 1) a donné un résidu de cendres
absolument insignifiant, dont l'analyse n'a pu être faite; la
deuxième m'a fourni assez de cendres pour que j'aie pu,
sans toutefois les doser, y constater la présence de quantités relativement notables de chaux, de magnésie, de potasse et d'acide phosphorique, ce qui n'avait d'ailleurs lieu
de me surprendre, la plante ayant porté des fruits

Il résulte de là que, privée de la substance noire soluble
dans l'ammoniaque, la terre si féconde d'Uladowka devient
stérile, bien qu'elle contienne encore, comme je m'en suis à
nouveau assuré après avoir arraché le haricot, des quantités
de phosphates, de chaux, de magnésie et de potasse bien
supérieures à celles qu'exigerait la végétation de un ou de
plusieurs pieds de haricots. Ces faits me semblent confirmer
pleinement l'importance que j'ai attribuée à la matière noire
dans la fertilité des sols. Après avoir constaté que la perte
de cette substance entraîne la stérilité du sol, j'avais à rechercher si l'addition au sol de la matière organique, stérile

par elle-même, n'amènerait pas l'effet inverse, en augmentant les rendements. C'est l'objet des expériences que je
vais décrire.

II. — *Essais comparatifs de culture dans des sols additionnés ou non de matière organique.*

Limité par la petite quantité de terre noire dont je dis-
posais, j'ai dû faire les essais précédents dans des pots à
fleurs; il n'en est pas de même des expériences que je vais
décrire. Celles-ci ont été entreprises dans les cases de végétation de la Station agronomique, dont il me faut d'abord
indiquer les dispositions principales. Ces cases, limitées de
toutes parts par des parois étanches en granit, ont chacune
un mètre carré de superficie sur un mètre de profondeur;
elles renferment donc 1 mètre cube de terre. Deux des
cases mises en expérience cette année contiennent un sol
calcaire identique pour les deux cases; les deux autres sont
remplies d'un sol argileux pris dans un même champ. Les
cases sont drainées et se trouvent dans des conditions
parfaitement comparables deux à deux. En effet, ces cases
ont été remplies en février 1869 avec des sols provenant de
deux pièces de terre d'une ferme des environs de Nancy,
dont voici l'assolement antérieur. En 1868, le sol calcaire,
fumé pour pommes de terre l'année précédente, a porté du
blé. Le sol argileux, fumé en 1867 pour betteraves, a porté,
en 1868, du seigle. Depuis 1869, époque de l'installation
des cases de végétations de la station, ces deux sols ont
donné les récoltes suivantes:

	SOL CALCAIRE :		SOL ARGILEUX :	
	Case I.	Case II.	Case III.	Case IV.
1869.	Tabac.	Jachère.	Tabac.	Jachère.
1870.	Jachère.	Tabac.	Jachère.	Tabac.
1871.	Tabac.	Jachère.	Tabac.	Tabac.

Depuis 1868, aucun de ces sols n'a reçu de fumure; l'état d'épuisement des deux sols devait donc se trouver identique dans les quatre cases. Voici la composition chimique du sol de ces cases. L'analyse a été faite en 1869.

100 grammes de terre séchée à l'air libre contiennent :

	Sol argileux.	Sol calcaire.
Eau	5.50	3.94
Matière combustible	5.90	4.27
Chaux	0.98	3.44
Fer et alumine	11.59	11.23
Magnésie	0.03	0.18
Potasse	0.48	0.22
Soude	0.13	0.03
Silice soluble	0.05	0.10
Acide phosphorique	0.05	0.03
Acide carbonique	traces.	3.65
Résidu insoluble.	76.02	73.15
	100.82	100.24

Si la végétation a modifié la composition du sol en 1870 et 1871, les variations qu'elle a pu y introduire doivent être de tous points analogues, ces sols ayant été cultivés de la même manière, ayant porté le même nombre de récoltes identiques et n'ayant reçu aucun amendement depuis 1868.

Ceci bien établi, j'arrive aux expériences de 1872.

Si ma théorie est fondée, l'une des fonctions principales des matières organiques introduites dans le sol par les fumures doit être la transformation des éléments minéraux, inassimilables par les plantes sous leur état primitif, en aliments assimilables grâce à leur combinaison avec la substance organique. En d'autres termes, la formation de la matière noire plus ou moins riche en phosphates serait le principal résultat de l'action des fumures sur les terres; cette matière noire me paraissant jouer, à l'égard des végétaux, un rôle comparable à celui du chyme dans la nutrition animale. Les essais de 1872 dans les cases de la végétation ont donc eu pour objet de déterminer expérimentalement si, de deux sols, identiques d'ailleurs, l'un recevant de la matière organique en même temps que des phosphates, tandis que l'autre ne recevrait que des phosphates, le premier donnerait une récolte sensiblement supérieure à celle du second ; je voulais de plus rechercher si, à l'augmentation de la récolte, au cas où elle aurait lieu, correspondrait un accroissement du taux de la matière noire dans le sol le plus fécond.

J'ai choisi comme source de matière organique le terrain tourbeux de Champigneulles, absolument stérile par lui-même, et dont j'ai fait connaître la composition dans l'un de mes précédents articles.

Dans l'une des cases calcaires et dans l'une des cases argileuses on a enlevé la terre sur 0^m,20 de profondeur. On a mélangé intimement à la terre sortie des cases un volume égal du sol tourbeux de Champigneulles, et l'on a rempli de nouveau les cases avec le mélange (15 avril 1872).

On a labouré le sol des deux autres cases à une profondeur de 0^m,20 (16 avril) et répandu uniformément sur chacune des quatre cases 0^k,100 de phosphate de chaux correspondant à 13 grammes d'acide phosphorique. Le 27 avril on a semé en ligne 0^k,030 d'orge Chevallier dans chaque case préalablement labourée à nouveau le matin. Le 2 mai, l'orge levait dans toutes les cases. A partir de ce moment jusqu'à la récolte, la végétation des cases additionnées de tourbe a présenté un aspect plus vigoureux; les tiges étaient plus vertes, les feuilles plus vivaces; vers la fin de juillet, il y avait un peu de verse dans ces deux cases.

Le 3 août, on a coupé l'orge dans les quatre cases.

Voici les résultats de la pesée des récoltes :

Case I. (Sol calcaire sans tourbe), 0ᵏ,430 paille et grain (la paille est courte, le grain peu abondant et maigre).

Case II. (Calcaire avec addition de tourbe), 0ᵏ,800 paille et grain, grain volumineux, paille plus longue de 0ᵐ 20 environ que celle de la case I.

Case III. (Sol argileux sans tourbe), 0ᵏ,600 paille et grain.

Case IV. (Sol argileux avec tourbe), 0ᵏ,775 paille et grain.

Après avoir fait déchaumer avec soin les quatre cases, et labouré le sol à la profondeur de 0ᵐ,20, j'ai prélevé dans chacune des cases un échantillon de terre qui m'a servi à déterminer la quantité de matière noire soluble dans l'ammoniaque et la teneur en acide phosphorique de cette matière noire. Ces analyses devaient m'indiquer (dans le cas où les choses se passeraient conformément à mon hypothèse) une proportion de matière noire et d'acide phosphorique assimilable beaucoup plus grande dans les sols amendés à la fois par le phosphate de chaux et par la tourbe que dans les sols additionnés de phosphate de chaux seul.

C'est en effet ce que montrent nettement les chiffres suivants :

	Matière noire pour 100 gramm. de terre.	Acide phosphorique assimilable.	Récolte.
Case I (calcaire).	0.98	0.02	430 gr.
Case II (calcaire+tourbe) .	1.15	0.10	800
Case III (argile).	1.20	0.06	600
Case IV (argile+tourbe). .	2.22	0.08	775

Les résultats de cette expérience sont instructifs à plus d'un titre. Ils prouvent en premier lieu que la matière organique, stérile par elle-même, est une cause prépondérante de fertilité par la transformation qu'elle fait subir aux

phosphates. Dans le sol calcaire, elle a presque doublé la
récolte, dans le sol argileux, elle l'a augmenté d'un tiers.
Le taux d'acide phosphorique assimilable s'est accru plus
notablement dans le sol calcaire que dans le sol argileux :
il a quintuplé dans le premier et augmenté d'un tiers dans
le second.

Un autre fait non moins intéressant est mis en évidence
par cet essai. En ajoutant au sol calcaire n° 1, pauvre en
matière organique, une quantité de phosphate de chaux
bien supérieure à celle qui serait nécessaire pour donner
une abondante récolte, je n'ai obtenu qu'un très-médiocre
rendement, en rapport d'ailleurs avec la faible quantité
d'acide phosphorique assimilable que l'analyse a décelé.
Ne suis-je pas en droit d'en conclure qu'amené à l'état
d'épuisement relatif auquel il se trouve par suite de
quatre récoltes successives *sans fumure*, mon sol calcaire demeurera relativement stérile, même si je lui donne
des engrais minéraux, tandis que j'en double immédiatement
la fertilité en lui apportant de la matière organique, en
même temps que les phosphates.

L'examen comparatif des résultats obtenus dans les sols
argileux et calcaires met en lumière et permet d'expliquer
un fait bien connu des cultivateurs : à savoir que les fortes
fumures conviennent surtout aux sols argileux et que leur
action y est bien plus durable que dans les sols calcaires.

Les deux terres qui nous occupent ont en effet reçu en
1868 la même fumure (40,000 kilogr. de fumier de ferme) ;
elles ont porté depuis cette époque le même nombre de
récoltes : une fois blé ou seigle, deux fois tabac. Or, en 1872,
tandis que le sol argileux contient encore 1,20 p. % de
matière noire correspondant à 0,06 p. % d'acide phosphorique assimilable, le sol calcaire ne renferme plus que
0,98 p.% de matière noire correspondant à 0,02 p.% seule-

ment d'acide phosphorique. Cela explique d'une part la différence notable du poids des récoltes dans les deux sols
non amendés par la tourbe, de l'autre comment l'addition
de matière organique n'a pas accru dans la même proportion, pour les deux sols, le poids des récoltes. L'effet de la
fumure, à poids égal, sur des sols argileux et sur des sols
calcaires se manifeste plus longtemps dans les premiers que
dans les seconds, parce que la matière organique s'y com-
bine plus lentement avec les substances minérales et s'y
brûle moins rapidement. Il est facile de se rendre compte
alors des différences obtenues dans l'essai de culture que je
viens de rapporter.

Je viens de faire connaître le résultat d'expériences
directes sur le rôle de la matière noire dans la nutrition;
on a vu qu'un sol éminemment fertile devient complète-
ment stérile, si on le prive de la matière noire, et qu'inver-
sement, un sol riche en éléments minéraux, mais pauvre en
matière noire, et par cela même peu fécond, devient fertile
par l'addition de matière organique. Ces deux séries d'expériences me paraissent ne laisser aucun doute sur le
véritable rôle de l'humus, ou, du moins, sur une des causes
fondamentales de son action fertilisante. Je me propose
maintenant d'exposer le résultat d'essais de végétation
dans un sol inerte, absolument stérile (cailloux siliceux) par
lui-même et destiné à servir uniquement de support à la
plante, les aliments nutritifs étant exclusivement mis à la
disposition de cette plante sous la forme de solution de
matière noire. Ces essais permettent, je crois, de donner
une explication satisfaisante des faits contradictoires avancés
sur l'absorption de l'humus par les végétaux, et fournissent,
en outre, une preuve nouvelle des propriétés nutritives de
la matière noire des sols. Avant d'entrer dans le détail de
ces recherches expérimentales, il me paraît utile de décrire

plus exactement et plus complétement que je ne l'ai fait jusqu'ici la composition et les propriétés de la matière noire. Je tiens de plus à indiquer d'une façon précise la marche suivie pour isoler, doser et analyser cette combinaison, afin de permettre aux chimistes qui en auraient le désir de répéter mes expériences. Le rôle prépondérant de la matière noire dans la nutrition des végétaux me semble d'ailleurs rendre son dosage et son analyse indispensables chaque fois que l'on voudra connaître la richesse actuelle d'un sol, les méthodes ordinaires appliquées à l'analyse des terres nous laissant dans l'ignorance complète à cet égard.

III. — *Extraction et dosage de la matière noire.*
Sa composition.

Toutes les terres plus ou moins fertiles que j'ai examinées jusqu'ici à ce point de vue contiennent, en proportions variables, de la matière noire, soluble dans l'ammoniaque, après avoir été dégagée de sa combinaison naturelle avec la chaux et la magnésie par l'action d'un acide très-étendu. L'absence complète de cette substance dans un sol naturel serait un indice certain de la stérilité complète de ce sol. La matière noire laisse, en brûlant, un résidu rougeâtre dont le taux pour cent varie sensiblement suivant les sols, comme on le verra dans les tableaux résumant mes analyses. La richesse de ce résidu en acide phosphorique varie également dans de très-grandes limites. Le point important à déterminer pour avoir *à priori* une idée de la fertilité d'un sol est le rapport existant *entre la quantité totale d'acide phosphorique contenue dans un volume ou dans un poids de terre arable et la quantité d'acide phosphorique engagée en combinaison avec la matière organique, dans les mêmes*

poids ou volume de terre, cet acide phosphorique pouvant
seul être considéré comme immédiatement assimilable par
les végétaux. L'importance que j'attache, pour arriver à la
connaissance de la valeur agricole d'un sol, au dosage et à
l'analyse de cette substance complexe, m'a conduit à chercher un procédé à la fois exact et rapide pour la détermination du taux centésimal de la matière noire et de sa
richesse en acide phosphorique. Comme c'est, en définitive,
le rapport entre les poids d'acide phosphorique total et
d'acide assimilable que j'ai besoin de connaître, j'applique
toujours au dosage de l'acide phosphorique sous ces deux
états la même méthode, ce qui atténue, si cela ne les fait
disparaître entièrement, les causes d'erreur dans le dosage
de ce corps, dont tous les analystes connaissent la difficulté.

A. *Dosage de l'acide phosphorique total d'un sol.* — Après
avoir successivement essayé presque tous les procédés indi-
qués pour doser l'acide phosphorique en présence du fer et
de l'alumine, éléments constants des sols, je me suis arrêté
à l'emploi du molybdate d'ammoniaque, qui donne des résultats aussi exacts que la plupart des autres procédés,
tout en exigeant moins de manipulations et de temps (1).

La terre séchée à l'air libre est tamisée pour en séparer
les cailloux ; c'est la partie fine qui est soumise à l'analyse.
On attaque 100 grammes de terre par l'acide azotique pur;
on laisse digérer à chaud pendant quelques heures, on
décante la solution acide, on lave le résidu à l'eau distillée,
et l'on réunit les eaux de lavage à la solution; on s'arrange
de manière à avoir un volume total de liquide égal à 500

(1) Il y a lieu de faire une exception en faveur de la méthode de
Schlœsing, qui surpasse en précision tous les autres procédés, mais qui
exige plus de temps et surtout une grande habitude. Chaque fois que
l'on se contentera de déterminer des rapports, on pourra recourir au
molybdate ; si l'on désire des chiffres absolus, la méthode de Schlœsing
doit être préférée.

cent. cubes. Dans 100 cent. cubes de cette liqueur, on verse
un excès de molybdate d'ammoniaque, on recueille sur un
filtre le phospho-molybdate ainsi obtenu, on le lave complétement, puis on le dissout à l'aide d'eau fortement
ammoniacale. Dans cette solution, qui doit être limpide et
incolore, on dose l'acide phosphorique à l'état de phosphate
ammoniaco-magnésien.

D'ordinaire, je fais un second dosage sur 100 autres cent.
cubes de la liqueur ; les différences constatées dans ces deux
dosages ne dépassent pas en général une quantité de phosphate ammoniaco-magnésien correspondant à plus de
$0^{gr},0005$ d'acide phosphorique. Cette approximation est
suffisante dans presque tous les cas.

B. Dosage de la matière noire d'un sol. — Après avoir
écarté, par un triage préalable, les cailloux les plus volumineux de l'échantillon de sol à analyser, je place dans un
entonnoir de grandeur convenable, et dont le fond est rempli de petits fragments de verre ou de porcelaine, environ
300 à 400 grammes de terre desséchée à l'air libre. J'humecte la terre à l'aide d'une pipette, avec de l'eau distillée
additionnée d'une quantité d'acide chlorhydrique fumant
qui varie entre 10 cent. cubes et 25 cent. cubes par litre
d'eau, suivant que l'on a affaire à une terre plus ou moins
calcaire. Si le sol à analyser ne contient que des traces de
carbonate de chaux, on peut employer de l'eau acidulée au
cinq centième seulement. Le liquide qui s'écoule à la partie
inférieure de l'entonnoir est toujours très-pâle ; à peine coloré en jaune (chlorure de fer), et l'on continue à laver la
terre avec l'eau acidulée, jusqu'au moment où l'on ne
retrouve plus de chaux dans la liqueur qui en découle. Un
lavage à l'eau distillée pure enlève ensuite l'acide chlorhydrique en excès, et l'on ne s'arrête dans ce lavage que
lorsque la liqueur ne précipite plus par l'azotate d'argent.

On dessèche la terre en l'étendant sur de la porcelaine dégourdie ou sur du papier buvard. Lorsque la terre est sèche, on la jette sur un tamis, et c'est la terre fine qui sert au dosage ultérieur de la matière noire.

La terre ainsi préparée, traitée par de l'eau ammoniacale, cède à ce liquide toute sa matière noire à la condition que chacune de ses particules soit en contact avec la liqueur alcaline pendant un temps suffisamment long. Au fur et à mesure qu'ils perdent leur substance noire, certains sols s'agglutinent et laissent difficilement filtrer les liquides, ce qui rend presque impossible la séparation complète de la matière noire sur un volume un peu considérable de terre traitée en une fois par l'eau ammoniacale. C'est pourquoi je conseille d'effectuer le dosage sur 10 grammes seulement de terre préparée comme je viens de le dire. Dans un entonnoir de petite taille au fond duquel on a mis quelques fragments de porcelaine, on place 10 grammes de terre, on les humecte avec de l'ammoniaque caustique, et on les abandonne pendant quelque temps (un quart d'heure ou une demi-heure). On verse ensuite très-lentement sur la terre assez d'eau distillée pour commencer à déplacer la solution ammoniacale de matière noire; on répète cette opération jusqu'à ce que le liquide s'écoule incolore; lorsque la terre est riche en matière noire, il est bon, après quelques lavages, de substituer l'eau ammoniacale à l'eau pure. Le liquide noir ainsi obtenu occupe un volume d'environ 20 à 30 centimètres cubes, selon les cas. On l'évapore au bain de sable dans une capsule de platine tarée à l'avance.

Il est rare que les sols agricoles ou forestiers soient assez riches en matière noire pour que la quantité de cette substance extraite de 10 grammes de terre suffise à la détermination exacte du résidu incombustible et de l'acide phosphorique qu'il renferme. Aussi doit-on se borner, dans la

GRANDEAU.   2

plupart des cas, à doser directement la matière noire sur ces 10 grammes de terre employés. Pour obtenir une quantité de matière suffisante au dosage du résidu et de l'acide phosphorique, je traite 150 à 200 grammes de la terre préparée, comme je l'ai dit plus haut, par l'eau ammoniacale. N'ayant plus à se préoccuper d'extraire la totalité de la matière noire, puisqu'on connaît son taux par une expérience directe, on peut se borner à préparer ainsi une liqueur qui, évaporée à sec, fournira un résidu assez abondant pour permettre les deux dosages qui restent à faire. On évapore le liquide dans une capsule, on pèse le résidu noir cassant, on calcine, et une nouvelle pesée donne le taux pour cent de matière incombustible. On reprend ensuite ce résidu par l'acide azotique, on laisse digérer sur le bain de sable, on ajoute un peu d'eau et l'on filtre. Dans la liqueur filtrée réunie aux eaux de lavage, et fortement acide, on verse du molybdate d'ammoniaque, on traite le précipité jaune comme précédemment, et l'on dose l'acide phosphorique à l'état de phosphate d'ammoniaco-magnésien.

J'ai eu recours à l'ammoniaque au lieu de potasse ou de soude caustique qui dissolvent également bien la matière noire, comme on le sait, pour plusieurs motifs : première-ment parce que les principes minéraux des sols, et notam-ment la silice, sont complétement insolubles dans l'ammo-niaque, tandis qu'ils se dissolvent en assez grandes propor-tions dans la potasse et dans la soude ; je suis donc certain, en employant l'ammoniaque, de n'enlever à la terre que les substances minérales engagées en combinaison avec la matière organique ; le dosage de la silice dans cette matière ne peut par suite être entaché de causes d'erreurs dépendant de sa solubilité dans les alcalis. En même temps, voulant recher-cher la potasse dans le résidu de la matière noire, il me fallait éviter l'emploi de cet alcali, car il m'eût été impossible de discerner ensuite l'origine de la potasse dans le résidu analysé : enfin la facile volatilisation de l'ammoniaque permet de se débarrasser complétement, par la chaleur, de l'excès dissolvant employé.

Mes lecteurs voudront bien, je l'espère, me pardonner ces détails analytiques indispensables pour permettre la discussion et le contrôle des faits sur lesquels repose ma théorie du rôle de l'humus.

C. Analyse et composition de la matière noire de la terre de Russie. — Comme j'ai déjà eu maintes fois l'occasion de le faire remarquer, la composition de la matière noire des sols varie avec le degré de fertilité des terres dont elle est en quelque sorte l'indicateur tangible. Mais ces variations, au moins dans tous les cas où je les ai constatées jusqu'ici (sur trente et quelques sols divers), portent sur les quantités relatives du principe constituant, et non sur leur nature. En effet, toutes les cendres de matière noire que j'ai analysées, sont composées des éléments suivants, diversement associés comme nous le verrons tout à l'heure :

Silice,
Acide phosphorique,
Oxyde de fer,
Oxyde de manganèse,
Chaux,
Magnésie,
Potasse.

C'est-à-dire que la matière noire renferme tous les éléments minéraux indispensables et suffisants au développement de toute plante, recevant en outre de l'air, l'oxygène, l'azote, l'eau et l'acide carbonique.

Comme exemple d'analyse de ces cendres, je choisirai le résidu de l'échantillon de terre noire de Russie le plus riche que j'aie jusqu'ici eu entre les mains. Cette terre contient pour 100 grammes $0^{gr},29$ d'acide phosphorique total. Elle donne, pour le traitement indiqué plus haut, 3,50 p. 0/0 de matière noire fournissant 39,86 p. 0/0 de son poids de résidu incombustible. C'est le résidu dont voici l'analyse :

On attaque par l'acide azotique bouillant $1^{gr},018$ de cette cendre rouge-brique, on filtre la liqueur presque incolore résultant de l'attaque, on dessèche et l'on pèse le résultat insoluble dans l'acide : il pèse $0^{gr},548$: mis en digestion avec quelques gouttes d'acide sulfurique monohydraté, le résidu se décolore complétement; on ajoute de l'eau, on filtre la liqueur ; ce qui reste est de la silice pure pesant $0^{gr},361$. La liqueur filtrée est formée de sulfate de fer (1), qu'on décompose par l'ammoniaque; on obtient $0^{gr},188$ d'oxyde de fer. Cet oxyde de fer contient $0^{gr},002$ d'oxyde de manganèse. La solution azotique, analysée par les méthodes ordinaires, a donné les quantités suivantes : phosphate de fer, $0^{gr},349$; chaux, $0^{gr},050$; acide phosphorique combiné à la chaux, $0^{gr},013$; magnésie, $0^{gr},013$; potasse, $0^{gr},040$. Il ne m'a pas été possible de déterminer exactement si ces cendres contiennent de la soude. Sur $1^{gr},018$ de matière employée, j'ai retrouvé $1^{gr},014$ de diverses substances que je viens d'indiquer. On peut, d'après cette analyse, représenter de la manière suivante la composition en centièmes du résidu de la matière noire extraite de la terre la plus riche d'Uladowka :

Silice (à l'état de silicate de fer	35.60
Oxyde de fer à l'état de silicate.	18.36
Oxyde de manganèse à l'état de silicate.	0.18
Chaux (à l'état de silicate)	3.55
Phosphate tribasique de chaux	2.66
Phosphate de fer.	34.41
Magnésie	1.28
Potasse	3.94
Total	99.98

(1) Quand l'attaque par AzO^5 n'a pas été complète, on retrouve un peu de chaux dans la solution sulfurique.

Cette matière, on le voit, est extrêmement riche en acide phosphorique ; elle en contient 17,39 pour cent de son poids ; elle est très-riche en oxyde de fer et en silice, ce qui semblerait confirmer le rôle de véhicule de l'acide phosphorique attribué par Knop, P. Thénard et autres savants, à ces deux oxydes. Elle contient du manganèse, fait sur lequel j'insisterai plus tard en parlant des recherches entreprises dans mon laboratoire par M. Leclerc, jeune chimiste très-habile, attaché à la station agronomique de l'Est en qualité de préparateur, et qui vient de publier un mémoire intéressant sur la répartition du manganèse dans les cendres des végétaux, et sur une méthode de dosage de ce métal dans les sols et dans les plantes. La présence du manganèse dans toutes les matières noires examinées semble indiquer qu'il faut définitivement ranger ce corps parmi les substances minérales qui concourent à la nutrition des végétaux. Je ne m'arrêterai pas plus longuement aux rapprochements que peut fournir l'analyse rapportée plus haut, j'y reviendrai lorsque, l'exposé de mes recherches terminé, je discuterai les conclusions générales que je me crois en droit d'en tirer.

IV. — *Essais de dialyse du sol d'Uladowka.*

J'ai démontré précédemment que, lorsqu'on soumet à la dialyse le liquide noir provenant du traitement d'un sol par l'ammoniaque, la matière organique à laquelle la liqueur noire doit sa coloration reste dans le vase intérieur, tandis que l'eau placée dans le vase extérieur, tout en demeurant incolore, a dissous, par diffusion à travers la membrane, les substances minérales (silice, phosphates, etc.) combinées primitivement à la matière organique. J'ai répété avec le même succès

l'expérience en substituant à la solution noire extraite de la
terre la terre elle-même, légèrement humectée d'eau ammoniacale. Dans le vase intérieur du dialyseur j'ai placé, le 17 juin
dernier, 10 grammes de terre d'Uladowka, préalablement traitée par l'eau acidulée et séchée. J'ai humecté la terre avec de
l'eau contenant 1 p. % d'ammoniaque, et j'ai versé de l'eau distillée dans le vase extérieur, de manière à mouiller la paroi
perméable qui obstruait le dialyseur. L'eau du vase extérieur
a été enlevée et renouvelée de deux jours en deux jours
jusqu'au 4 juillet. La terre a été maintenue constamment
humide avec de l'eau ammoniacale. Le liquide résultant des
diverses eaux était resté complétement incolore. La terre,
au contraire, avait conservé sa coloration noire primitive.
J'ai examiné isolément la terre et le liquide dialysé. Après
avoir extrait la terre du dialyseur, je l'ai épuisée aussi
complétement que possible par de l'eau ammoniacale, j'ai
obtenu ainsi un liquide aussi foncé que celui fourni par la
terre non soumise à la dialyse. Evaporé, le liquide m'a
donné un résidu pesant $0^{gr},221$, noir, cassant, de tous points
analogue par l'aspect au résidu normal. Calcinée, cette
matière noire a laissé $0^{gr},017$ de cendres rougeâtres. Si l'on
compare les poids de ces deux résidus à ceux que donne la
terre non dyalisée, on voit que :

10 grammes de terre donnent :
0ᵍ,350 matière noire
correspondant à { 0ᵍ,211 matière organique,
0ᵍ,139 cendres.

10 grammes de terre dialysée donnent :
0ᵍ,221 matière noire
correspondant à { 0ᵍ,204 matière organique,
0ᵍ,017 cendres.

D'autre part, l'examen du liquide provenant du vase
extérieur m'a montré qu'il était complétement incolore et

ne contenait, par conséquent, pas trace de matière charbon-
neuse ; de plus, qu'il renfermait de la silice, de l'acide
phosphorique, de la chaux, de la magnésie, de la potasse,
en un mot, toutes les matières minérales combinées à la matière organique dans le sol. La matière noire a donc cédé à
l'eau 92,31 p. % du poids des substances minérales qu'elle
contenait ; la différence légère qu'on observe entre la richesse en matière organique des substances noires avant et
après dialyse peut être attribuée soit à un lavage imparfait
du sol extrait du dialyseur, soit à une combustion lente,
comme tendraient à le faire penser les expériences suivantes.

Cet essai confirme de tous points ceux que j'ai précédemment rapportés ; il montre que les matières humiques ne
traversent pas les membranes d'origine végétale, qu'elles se
décomposent à leur contact pour laisser passer les principes
minéraux, tandis que les éléments organiques restent dans
le sol. Les expériences directes sur les végétaux, dont il me
reste à parler, conduisent non moins clairement à la même
conclusion.

V. — *De la dialyse de la matière noire des sols par les racines
des plantes.*

Dans tous les essais décrits jusqu'ici, j'ai admis hypothé-
tiquement l'analogie complète, sinon l'identité des tissus qui
constituent les racines et des membranes dialytiques dont
je me suis servi. Pour vérifier l'exactitude de cette assimilation, j'ai entrepris une série d'essais de végétation d'orge
et de blé dans des dissolutions de matière noire de richesse
variable : je me bornerai à rapporter exactement deux de
ces expériences, les résultats obtenus dans les autres étant
identiques à ceux qu'elles m'ont fournis.

Dans des éprouvettes en verre d'un volume de 300 cent.

cubes environ et d'un diamètre de 0ᵐ,08, j'ai placé du gros
sable siliceux préalablement traité par les acides azotique
et chlorhydrique et calciné, c'est-à-dire un sol entièrement
dépourvu de matières organiques et de principes solubles
capables de nourrir un végétal. J'ai fait germer, le 1ᵉʳ avril,
sur du coton humecté d'eau distillée, des grains d'orge et
de blé, et le 7 avril j'ai placé dans chacune des éprouvettes
un ou deux grains ; du 7 avril au 15 juin, époque à laquelle
j'ai mis fin aux expériences, les plantes n'ont reçu d'autre
nourriture qu'une solution de matière noire préparée de la
manière suivante : 0ᵍʳ,950 de matière noire correspondant
à 0ᵍʳ,377 de cendres, et renfermant 0ᵍʳ,066 d'acide phosphorique, 0ᵍʳ,134 de silice et 0ᵍʳ,013 de chaux à l'état de sili-
cate, ont été dissous dans de l'eau très-légèrement ammoniacale. La dissolution, étendue à un litre, a été soumise à
l'ébullition jusqu'au moment où toute l'ammoniaque a été
entraînée par les vapeurs. On a ensuite ajouté de l'eau, de
manière à obtenir deux litres et demi de liquide. La liqueur
ainsi préparée était complétement neutre aux papiers réac-
tifs, et elle était entièrement inodore et ne contenait plus
trace d'ammoniaque. Elle était sensiblement colorée en brun
et ressemblait à une infusion un peu forte de café noir. Cette
dissolution a servi à alimenter l'orge et le blé du 7 avril au
15 juin. Les tiges se sont parfaitement développées, le blé
a tallé et présentait trois tiges ; l'orge n'en avait que deux.
Le 15 juin, les plantes atteignaient en hauteur, l'une (blé)
0ᵐ,27, l'autre (orge) 0ᵐ,24. Les racines, très-nombreuses
et longues de 0ᵐ,12 à 0ᵐ15, s'étalaient sur toute la surface
interne de l'éprouvette, ce qui permit d'en suivre le développement. J'y reviendrai tout à l'heure.

Dès le 14 avril, c'est-à-dire huit jours après le début des
expériences, le liquide qui imprègne le sol artificiel des
deux vases est presque entièrement décoloré, la matière

noire se décompose en flocons ; on décante le liquide et on
lave le sol en y versant de l'eau distillée qui entraîne des
flocons noirs. On ajoute une nouvelle quantité de dissolution noire. Le liquide décanté n'est plus neutre, il est franchement acide au papier de tournesol ; du 7 avril au 15
juin, on renouvelle quatre fois complétement le liquide qui
baigne le sable ; après un contact de huit à dix jours avec
les racines des plantes qui continuent à croître, le liquide
est presque entièrement décoloré, il laisse déposer des flocons noirs très-abondants ; il est franchement acide. On le
filtre, la liqueur filtrée est à peine teintée en jaune ; les
flocons noirs restant sur le filtre sont solubles dans l'ammoniaque ; brûlés au contact de l'air, ces flocons disparaissent
entièrement sans laisser de résidu : *toute la silice de la
matière noire a été absorbée par la plante.* La liqueur filtrée provenant de l'un des vases donne un résidu blanchâtre
du poids de 0gr,200, qui laisse après calcination, à basse
température, une cendre blanc-grisâtre du poids de 0gr,117.
Cette cendre, qui renferme encore un peu d'oxyde de fer,
traitée par l'acide azotique, donne lieu à un dégagement
notable d'*acide carbonique.* Elle consiste essentiellement en
carbonate de chaux et ne contient plus que des traces ap-
préciables, mais tout à fait impondérables de phosphate
de fer. L'altération si complète du liquide primitif ne saurait être due à son contact avec l'air athmosphérique, car
le liquide du vase nonbouché, dans lequel était placée, depuis
le commencement de l'expérience, la solution nutritive, est
demeuré intact, il est toujours très-fortement coloré en
noir, neutre, et laisse à peine déposer quelques rares
flocons.

J'ai dit plus haut que les racines s'étaient développées
abondamment dans les deux éprouvettes ; j'ajouterai que le
long du trajet de chacune d'elles, on distingue très-nette-

ment un épais dépôt de matière noire adhérent aux racines restées elles-mêmes entièrement incolores.

De l'ensemble de ces faits découle, à mon sens, une interprétation du rôle nutritif de l'humus, parfaitement conforme à celui que lui assignent mes autres expériences. Au contact des racines, les solutions noires se décolorent, comme l'a observé Saussure et, après lui, d'autres expérimentateurs habiles, notamment M. Risler, dont j'ai reproduit les observations à ce sujet. Mais il ne s'ensuit pas du tout que la matière noire soit absorbée par les racines ; les expériences que je viens de rapporter démontrent, au contraire, qu'il n'en est rien.

En effet, nous voyons le liquide noir, parfaitement neutre d'abord, devenir acide ; nous retrouvons dans le résidu incolore qu'il fournit après filtration des quantités notables de carbonate de chaux ; suivant toute probabilité, cet acide carbonique provient de la combustion lente de l'humus au contact des racines, car le liquide primitif abandonné au contact de l'air est demeuré neutre. On ne saurait donc attribuer à la dissolution de l'acide carbonique de l'air l'acidité de la liqueur provenant de mes deux éprouvettes, sans quoi le même phénomène se fût inévitablement produit dans la dissolution noire abandonnée à elle-même. La décoloration du liquide provient essentiellement du dépôt brun qui se produit au fur et à mesure que la plante absorbe les substances minérales et, en partie peut-être, de la combustion lente du charbon accusé par la production d'acide carbonique. Le résultat définitif de la végétation d'une plante au contact de la matière noire du sol semble être le suivant : destruction de la combinaison noire organo-minérale, comme cela a lieu dans la dialyse de ce liquide ou dans celle du sol. Assimilation, par la plante, de la silice, de l'acide phosphorique et d'une partie de la chaux et de la potasse; formation de carbonate de chaux aux dépens de l'excès de chaux primitivement combiné à la silice et de l'acide carbonique produit.

La matière organique serait donc, comme je l'ai dès le principe supposé, le véhicule des substances nutritives minérales de la plante, mais elle ne serait point elle-même un aliment, n'étant point absorbée par les racines, et resterait dans le sol pour disparaître à son tour plus ou moins rapidement par suite d'une combustion lente. Des expériences, qui ne sont point encore terminées, me permettront peut-être d'ajouter quelques faits nouveaux à l'histoire de la formation et de la destruction de l'humus dans le sol ; mais je me crois dès à présent autorisé à conclure, comme je l'ai fait déjà, quoique plus timidement, au début de mes recherches, à la parfaite compatibilité des deux doctrines qui ont tour à tour régné en agriculture. Il me semble évident aujourd'hui que les opinions des deux hommes éminents auxquels nous devons la théorie de l'humus et celle de la nutrition minérale sont tout à fait conciliables sur le terrain où j'ai porté la discussion. L'interprétation nouvelle à laquelle j'arrive peut servir de trait d'union entre les deux doctrines et concilie les vérités incontestables de tout temps pour les praticiens éclairés avec les admirables travaux de la nouvelle école de chimie agricole. En réunissant en un seul corps de doctrines les idées de Th. de Saussure et celles de Liebig, on me semble avoir l'expression vraie des phénomènes fondamentaux de la nutrition des plantes : la condamnation formelle des exagérations des partisans absolus de l'une ou de l'autre théorie en découle non moins visiblement.

Arrivons maintenant aux analyses comparatives des sols agricoles et forestiers.

VI. — *Composition des sols agricoles et forestiers.*

Dans mon premier mémoire j'ai conclu de l'analyse comparative de quatre terres différentes (terre noire de Russie, sol du lias de Serre [Meurthe], sol tourbeux de Champigneulles et grès vosgien d'une forêt d'Alsace), que la fertilité actuelle d'un sol est en rapport étroit avec la quantité d'acide phosphorique combiné à la matière noire que l'ammoniaque en extrait. Je considère comme immédiatement *assimilable* l'acide phosphorique combiné à la matière noire et qu'on retrouve dans les cendres de la substance soluble dans l'ammoniaque.

Après avoir demandé à des expériences directes de culture la vérification de mon hypothèse sur le rôle prépondérant de la matière noire dans la nutrition des végétaux, je vais chercher à établir, par la comparaison d'analyses des sols les plus divers à la fois sous le rapport de leur constitution géologique et chimique et par leur degré de fertilité, que les faits naturels relatifs à la fécondité des sols agricoles et forestiers, connus de tout le monde, sont en parfait accord avec ma théorie et reçoivent d'elle une explication rationnelle.

J'ai groupé dans les tableaux suivants les résultats numériques que m'a fournis l'analyse de trente sols et sous-sols appartenant aux trois catégories suivantes :

1° n° 1 à 3. *Sols agricoles qui n'ont jamais reçu de fumure et qui, malgré cela, donnent chaque année de très-bonnes récoltes;*

2° nos 4 à 14. *Sols agricoles fumés régulièrement et donnant des récoltes variables avec les fumures;*

3° nos 14 à 30. *Sols forestiers n'ayant jamais reçu de fumure et indéfiniment féconds.*

Les sols analysés appartiennent à des formations géologiques si diverses, ils présentent, sous le rapport de leur composition chimique, des variations si notables, qu'il m'est permis, je crois, de tirer de l'ensemble des chiffres ci-dessous des conclusions générales que viendront confirmer, j'en ai la conviction, les analyses qu'on pourra faire, à ce point de vue, de sols d'autres provenances.

Le tableau n° I donne la composition centésimale des sols desséchés à l'air libre. Ces analyses ont été faites d'après les méthodes ordinairement appliquées par les chimistes à ce genre de recherches. Il n'y est tenu aucun compte de la matière noire, et le chiffre de l'acide phosphorique exprime la quantité totale de cet acide contenu dans 100 grammes de terre, abstraction faite des différents états sous lesquels il se présente.

Dans le tableau n° II, au contraire, j'ai eu surtout en vue de mettre sous les yeux de mes lecteurs les chiffres relatifs au taux de la matière noire, de l'acide phosphorique assimilable et de l'acide phosphorique *réserve*. Dans la deuxième partie du tableau, tous les calculs sont rapportés à l'hectare pour une couche de terre de $0^m,15$ de profondeur. Le tableau III, exclusivement consacré aux sols forestiers, présente les mêmes calculs rapportés à une couche de $0^m,45$ d'épaisseur, qu'on peut regarder comme la couche qui concourt activement à la nutrition des arbres. C'est cette couche de $0^m,45$ qui est désignée sous le nom de *sol* dans les tableaux ci-contre I et II, le sous-sol ayant été pris entre $0^m,45$ et $0^m,50$ dans les forêts.

J'ai peu de choses à dire du tableau I, présentant la composition centésimale des terres analysées. Je ferai observer seulement qu'en l'examinant attentivement, on ne trouve aucune différence saillante entre la composition des sols fertiles sans fumures et celle des terres régulièrement fumées. Cela confirme la remarque bien des fois faite déjà du peu de renseignements que fournit l'analyse chimique, telle qu'on l'a pratiquée jusqu'ici, sur le plus ou moins de fertilité d'un sol.

TABLEAU N° 1.

DÉSIGNATION DES SOLS ET INDICATIONS GÉOLOGIQUES.	Eau.
I. — Sols agricoles (non fumés).	
1. Uladowka (Podolie), sol siliceux.	6.08
2. Bezange-la-Grande (M.-et-Moselle), terre noire, sol argilo-siliceux, keuper.	8.71
3. Bezange-la-Grande (M.-et-Moselle), terre rouge, sol argilo-siliceux	10.99
II. — Sols agricoles (fumés).	
4. Angomont (a) (Meurthe), grès vosgien.	1.62
5. Hablainville (I) (Meurthe), muschelkalk	6.08
6. Hablainville (II) id., ...	2.58
7. Hablainville (III) id.,	4.77
8. Gélacourt (I) id., muschelkalk	1.10
9. Gélacourt (II) id.,	1.39
10. Gélacourt (III) (b) id., ...	6.10
11. Serres (Meurthe-et-Moselle), sol siliceux, lias.	5.70
12. Saint-Louis (Moselle), sol silico-argileux, keuper.	5.40
13. Gérardmer (Vosges), sol siliceux, granit.	5.43
14. Champigneulles, tourbe, alluvion.	31.23
III. — Sols forestiers.	
15. Paroy (Meurthe-et-Moselle), sol siliceux, diluvium.	7.17
16. Mondon, id. id. id.	7.11
17. Signy-l'Abbaye (Ardennes), sol siliceux, oxfordien.	2.13
18. Saint-Michel (Aisne), sol siliceux	3.52
19. Saint-Michel, sous-sol, sol siliceux, silurien	3.85
20. Compiègne, sol siliceux, sable glauconieux.	1.15
21. Id. id. id.	1.38
22. Villers-Cotterets, sol siliceux, sable reposant sur les marnes du calcaire lacustre	3.62
23. Sous-sol, sol siliceux, sable reposant sur les marnes du calcaire lacustre .	4.21
24. Champfétu (4 arpents).	1.75
25. Id. bas du cellier, sol calcaire, craie.	2.90
26. Gérardmer, sol siliceux, granit.	8.22
27. Id. id. porphyre	6.70
28. Noirgoutte (Vosges), sol siliceux, granit syénitique	10.02
29. Hérival (Vosges), sol siliceux, grès rouge	5.02
30. Mœssigthal (Alsace), sol siliceux, grès vosgien.	1.80

(a) 0.66 pour 100 acide carbonique. — (b) 0.28 pour 100 acide carbonique,

TABLEAU No 1.

COMPOSITION CENTÉSIMALE DES SOLS SÉCHÉS A L'AIR LIBRE.

Eau.	Matière combustible.	Alumine et fer.	Chaux.	Magnésie.	Potasse.	Soude.	Acide phosphorique.	Résidu insoluble dans les acides.	Total.
6.05	7.10	3.64	0.52	0.05	0.25	0.01	0.16	82.45	100.23
8.74	7.44	10.35	0.75	0.74	0.50	0.00	0.15	71.58	100.22
10.99	5.83	10.89	2.72	0.21	0.10	0.00	0.23	69.00	100.85
1.62	4.13	1.48	»	0.27	0.09	0.06	0.09	93.00	100.74
6.05	5.10	11.98	0.33	0.50	0.60	0.28	1.00	73.84	100.59
2.58	3.42	6.50	0.06	0.26	0.26	0.30	0.96	85.60	100.94
4.77	4.88	10.88	0.48	0.36	0.82	0.06	6.74	77.66	100.65
1.10	2.55	2.44	0.08	0.44	0.16	»	0.36	93.56	100.61
1.32	2.63	3.30	trace.	0.28	0.22	»	0.10	92.46	100.31
6.10	7.60	13.70	2.56	0.20	0.38	0.04	0.44	66.82	99.92
5.70	11.00	1.30	0.09	0.41	1.13	0.40	0.21	80.00	100.24
5.40	9.40	3.55	0.18	0.21	0.19	0.09	0.07	81.58	100.67
5.43	11.24	5.62	trace.	0.14	0.22	0.02	0.18	78.00	100.95
31.23	35.99	6.11	6.54	0.69	trace.	trace.	trace.	10.04	100.40
7.17	9.92	7.84	0.46	0.96	0.33	0.09	0.13	73.50	100.40
7.11	4.24	2.85	trace.	0.10	0.12	0.08	0.06	86.00	100.56
2.15	3.95	3.85	0.26	0.05	0.15	0.02	0.17	89.45	100.05
3.52	5.98	5.78	trace.	0.21	0.27	0.00	0.20	85.00	100.96
3.85	3.35	4.89	id.	0.20	0.17	0.00	0.16	88.00	100.62
1.15	3.57	0.57	0.05	0.16	0.13	0.00	0.06	95.00	100.69
1.38	1.05	1.83	0.13	0.15	0.16	0.00	0.03	96.00	100.73
3.62	4.39	2.62	trace.	0 12	0.08	0.00	0.08	89.45	100.36
4.21	1.94	3.01	id.	0.13	0.13	0.00	0.06	91.00	100.51
1.75	5.50	»	0.35	0.38	0.06	0.06	0.64	90.55	
2.90	5.30	»	3.25	0.47	0.01	0.03	0.29	83.00	
8.22	12.18	9.28	trace.	0.34	0.31	0.00	0.23	70.00	100.54
6.70	8.90	9.39	id.	0.60	0.20	0.02	0.25	74.00	100.16
10.02	12.03	3.97	id.	0.30	0.24	0.09	0.27	73.45	100.37
5.02	5.50	5.11	id.	0.21	0.35	0.05	0.16	83.80	100.20
1.80	3.20	0.46	0.02	0.02	0.03	0.06	0.02	94.43	100.04

Les deux terres de Bezange-la-Grande, commune de
l'arrondissement de Lunéville, se trouvent dans des conditions analogues à celles des terres noires de Russie ; elles
n'ont, de mémoire d'homme, reçu aucune fumure et donnent
des rendements au moins égaux à ceux des sols les mieux
fumés de la même région. Cela est d'autant plus intéressant
que le territoire de Bezange-la-Grande, qui se trouve dans
les marnes du keuper, appartient à une tout autre formation
géologique que les terres de Russie. En ce qui concerne les
sols forestiers, on voit que les forêts actuelles croissent
presque partout dans des sols pauvres en chaux et très-
souvent en acide phosphorique, les sols riches en éléments
minéraux et primitivement recouverts de forêts ayant été
successivement défrichés pour être mis en culture.

Le tableau n° II, où les taux de matière combustible, de
matière noire, d'acide phosphorique total et d'acide phosphorique assimilable ont été seuls pris en considération,
permet des rapprochements intéressants et qui me paraissent
confirmer pleinement toutes les déductions que j'ai tirées
jusqu'ici de mes expériences sur le rôle des matières humiques des sols. Je m'y arrêterai pour mettre en relief quelques-
uns des faits qui découlent des analyses ainsi présentées.

Au point de vue de la richesse absolue en matière organique, les sols analysés se classent dans l'ordre suivant (¹) :

1° Sols agricoles fertiles sans fumure, 6,79 p. % ;

2° Sols forestiers (fertiles sans fumure), 6,71 p. % ;

3° Sols agricoles (fertiles avec fumure), 5,68 p. %.

Ainsi, bien qu'elles ne tirent aucune matière organique
du dehors, tandis que les sols agricoles bien entretenus en

(1) Ces taux pour cent et les suivants ont été obtenus en additionnant
les chiffres respectifs de chaque colonne et en divisant le total par le
nombre des sols analysés : 3 pour les terres sans fumure, 13 pour les
sols forestiers, 10 pour les sols agricoles fumés.

reçoivent au minimum quelques tonnes par an, les forêts sont plus riches en substances organiques que les terres cultivées.

Le classement des sols, d'après leur richesse en matière noire, reste le même :

1° Sols agricoles sans fumure, 2,09 p. %/₀ ;
2° Sols forestiers, 1,41 p. %/₀ ;
3° Sols agricoles fumés, 0,76 p. %/₀.

Si l'on cherche le rapport des taux de la matière noire à celui de la matière organique, on constate qu'ils varient dans des proportions très-notables :

1° Sols agricoles sans fumure . . . . . Mat. noire : mat. org. :: 1 : 3.25
2° Sols forestiers. . . . . Mat. noire : mat. org. :: 1 : 4.76
3° Sols agricoles fumés . . . . Mat. noire : mat org. :: 1 : 7.47

Si maintenant nous cherchons le rapport qui existe entre l'acide phosphorique total du sol et l'acide phosphorique de la matière noire, que je considère comme seule immédia-tement assimilable par les végétaux, les écarts ne sont pas moins considérables.

PAR HECTARE.

1° Sols agricoles sans fumure. Ac. phosph. total. 3.719^k Ac. phosph. assim. 2,641^k
2° Sols forestiers. . . . . Ac. phosph. total. 2.212^k Ac. phosph. assim.   470^k
3° Sols agricoles fumés . . . . Ac. phosph. total. 7.961^k Ac. phosph. assim.   448^k

d'où les rapports suivants :

1° Sols agricoles sans fumure . Ac. phosph. total : ac. phosph. assim. :: 1 : 0.71
2° Sols forestiers . . . . Ac. phosph. total : ac. phosph. assim. :: 1 : 0.21
3° Sols agricoles fumés . . . . Ac. phosph. total : ac. phosph. assim. :: 1 : 0.06

3

TABLEAU Nº 11.

DÉSIGNATION DES SOLS.	Poids du mètre cube.	Poids de la couche de 0ᵐ.15 de profondeur à l'hectare.	Taux pour 100 de la matière combustible.
I. — Sols agricoles (non fumés).	kil.	t. m.	
1. Uladowka (Podolie).	1204	1806	7.10
2. Bezange-la-Grande, terre noire.	1284	1926	7.44
3. — terre rouge	1345	2017	5.83
II. — Sols agricoles (fumés).			
4. Angomont (Meurthe).	1435	2149	4.13
5. Hablainville (I) id.	1247	1870	5.10
6. Hablainville (II) id.	1410	2115	3.42
7. Hablainville (III) id.	1309	1963	4.88
8. Gélacourt (I).	1369	2053	2.55
9. Gélacourt (II).	1366	2049	2.63
10. Gélacourt (III).	1322	1983	4.75
11. Serres.	1230	1815	11
12. Saint-Louis (Bischwald).	1192	1788	7.12
13. Gérardmer.	1064	1591	11.24
14. Champigneulles (tourbe).	520	780	35.99
III. — Sols forestiers.			
15. Paroy.	939	1408	9.02
16. Mondon	1015	1522	4.24
17. Signy-l'Abbaye.	1098	1647	3.95
18. Saint-Michel (sol)	910	1365	5.98
19. — (sous-sol).	1027	1540	3.35
20. Compiègne (sol)	1244	1866	3.57
21. — (sous-sol).	1109	1663	1.05
22. Villers-Cotterets (sol)	863	1294	4.39
23. — (sous-sol).	1140	1710	1.94
24. Champfétu (4 arpents)	1168	1752	5.50
25. — (bas du collier).	1210	1815	5.39
26. Gérardmer (granit)	1398	2097	12.18
27. — (porphyre).	1200	1800	8.90
28. Noirgoutte (grès syénitique).	1138	1707	12.03
29. Bérival (grès rouge).	1028	1542	5.50
30. Mœssigthal (grès vosgien).	1434	2151	3.20

TABLEAU N° 11.

Taux pour 100 de la matière combustible.	Taux pour 100 de la matière noire.	Cendres pour 100 de la matière noire.	Acide phosphorique pour 100 de la matière noire.	Matière combustible à l'hectare.	Matière noire à l'hectare.	Cendres de la matière noire à l'hectare.	Acide phosphorique assimilable à l'hectare.	Acide phosphorique total à l'hectare.	Acide phosphorique en réserve.
				t. m.	t. m.	t. m.	kil.	kil.	kil.
7.10	4.20	51.40	4.15	128.2	75.8	39.00	3150	3612	462
7.44	1.45	24.13	9.71	113.3	27.9	6.73	2709	2908	199
5.83	0.62	58.06	16.51	117.6	12.5	7.25	2064	4639	2575
4.13	0.95	25.73	3.02	86.7	20.4	5.15	616	1934	1318
5.10	1.33	10.81	2.32	95.4	24.9	2.69	627	18705	18078
3.42	0.75	19.72	0.06	72.3	15.9	3.14	645	20304	19659
4.88	0.89	15.38	3.93	95.8	17.5	2.69	668	14503	13842
2.55	0.45	32.50	5.23	52.4	9.2	2.99	481	7100	1909
2.03	0.70	13.32	3.50	53.9	11.3	1.90	500	2049	1549
4.75	0.47	25.21	6.28	91.2	9.3	2.34	584	8725	8141
11	0.94	13.04	0.89	202.9	17.3	2.25	156	3870	2715
7.12	0.44	31.81	1.00	127.3	7.9	2.51	79	1252	1173
11.24	0.66	51.51	2.00	179.2	10.5	5.73	210	2869	2659
35.99	1.00	2.00	.....	280.7	7.8	0.10	.....	110	110
9.92	1.35	17.77	5.56	139.7	19.0	3.38	1056	1802	746
4.24	1.68	26.78	1.90	61.5	25.6	6.85	49	913	864
3.95	2.00	30.00	2.53	65.0	32.9	9.87	832	2852	2020
5.98	2.00	18.66	3.06	81.6	28.5	5.32	872	2730	1958
3.35	1.66	8.43	1.92	61.6	25.6	2.16	491	2464	1973
3.57	0.69	4.34	0.20	66.6	12.8	0.55	26	1120	1094
1.05	0.09	.....	.....	17.5	1.5	.....	.....	500	.....
4.39	1.48	12.16	1.64	56.8	19.1	1.71	313	1035	722
1.91	0.40	37.50	1.45	33.2	6.8	2.55	100	1026	926
5.50	0.42	42.85	2.17	96.4	7.4	3.17	161	1121	960
5.39	1.10	10.90	0.42	97.8	19.9	2.17	83	526	443
12.18	3.18	11.32	1.47	255.4	66.7	7.55	989	4823	3843
8.90	2.26	4.42	1.39	160.0	40.7	1.89	566	4500	3934
12.03	1.50	12.00	2.46	205.3	25.6	3.10	630	4510	3910
5.50	0.58	41.37	4.72	79.3	8.9	3.68	450	2405	1985
3.20	0.11	82.60	4.13	68.8	2.4	1.97	99	386	295

Ces chiffres montrent que, d'une manière absolue, les sols forestiers sont beaucoup plus pauvres que les sols agricoles en acide phosphorique (2,212 kilogr. à l'hectare au lieu 7,964 kilogr.); mais qu'ils renferment, toute proportion gardée, beaucoup plus d'acide phosphorique assimilable que ces derniers. Ces deux faits n'ont rien d'étonnant, si l'on réfléchit que, d'une part, on a défriché les meilleurs sols forestiers pour les transformer en sols arables, et que, de l'autre, la production d'acide phosphorique assimilable, grâce à l'influence des matières organiques, dépasse de beaucoup les exigences des arbres ; tandis que, pour les sols agricoles, l'exportation d'acide phosphorique par les récoltes s'élève beaucoup plus haut, et cela dans des terres qui renferment, absolument parlant, moins de substances organiques que les sols forestiers.

Ces résultats, basés sur l'analyse de vingt-huit sols d'origine géologique, de constitution chimique et physique très-diverses, confirment mes premières conclusions : partout, rapport direct et constant entre les quantités de matière organique et de matière noire, d'acide phosphorique total et d'acide phosphorique assimilable, d'une part, et la fertilité du sol, de l'autre.

Au point de vue des récoltes qu'on leur demande, les sols se classent donc, sous le rapport des rendements, dans l'ordre établi plus haut : 1° sols noirs de Russie et terres analogues ; 2° sols forestiers ; 3° sols agricoles ordinaires.

Autant qu'on le puisse savoir, les rendements des forêts actuelles n'ont subi aucune diminution par le fait d'un appauvrissement du sol : leur fécondité demeure la même, et rien n'annonce qu'elle doive s'amoindrir. Quelques exemples tirés des analyses consignées dans le tableau suivant, et de leur comparaison avec les rendements annuels des forêts mettront hors de doute la conservation indéfinie

de la fertilité de nos sols forestiers conservés à la sylvicul-
ture et montreront quelle opération désastreuse constitue-
rait leur défrichement.

Dans le tableau III, je considère la richesse de la couche
superficielle d'une épaisseur de 0^m,45, qu'on peut regarder
comme une moyenne approximative de la profondeur à
laquelle les racines vont puiser leur nourriture dans les
sols que j'ai examinés.

TABLEAU N° III.

PROVENANCE des SOLS.	Poids de la couche de 0^m,45.	Matière combustible.	Matière noire.	Acide phospho-rique assimil.	Acide phospho-rique total.	Acide phospho-rique réservé.
	T. m.	T. m.	T. m.	Kilogr.	Kilogr.	Kilogr.
1. Forêt de Paroy . .	4,224	419.1	57.0	3.168	5,406	2,238
2. Forêt de Mondon .	4,566	193.5	76.8	147	2,739	2,592
3. Forêt de Signy-l'Abbaye	4,941	195.0	98.7	2.496	6,556	6,060
4. Forêt de St-Michel	4,095	244.8	85.5	2.616	8,190	5,574
5. Forêt de Com-piègne	5,698	199.8	38.4	78	3,360	3,282
6. Forêt de Villers-Cotterets.	3,882	170.4	57.3	939	3,105	2,166
7. Forêt de Champfî-tes (4 arpents) . .	5,256	289.2	22.2	483	3,363	2,880
8. Forêt de Champfî-tes (bas du Cellier)	5,445	293.4	59.7	249	1,578	1,329
9. Forêt de Gérard-mer (sol granit.) .	6,291	766.2	200.1	2.967	14,469	11,502
10. Forêt de Gérard-mer (sol porphyr.)	5,400	480.0	122.1	1,698	13,500	11,802
11. Forêt de Noirgouth	5,121	615.9	76.8	1,890	13,620	11,730
12. Forêt d'Hérival . .	4,626	237.9	26.7	1.350	7,215	5,865
13. Forêt de Mœssig-thal.	6,453	206.4	7.2	297	1,158	861
TOTAUX	65,898	4.311.6	428.5	18,378	86,259	17,881
Moyenne. . .	5,069	331.6	71.4	1.413	6,635	5,222

Sur une quantité moyenne de 6,635 kilogr. d'acide phosphorique total à l'hectare, il y en a 1,413 kilogr. seulement
d'immédiatement assimilable par les racines ; le reste, 5,222
kilogr., devant entrer plus tard dans la circulation après

s'être combiné à la matière organique. J'ai admis jusqu'ici, pour servir de base à mes calculs, que les céréales puisent leurs aliments dans une couche arable d'une épaisseur moyenne de 0ᵐ,15 ; dans la plupart des sols et en l'absence de labours profonds, bien d'autres récoltes sont dans ce cas. Pour se faire une idée approchée de la fécondité respective des terres noires, des sols forestiers et des champs où la fumure est de toute nécessité, il faut donc comparer entre elles des couches de terre de 0ᵐ,15 de profondeur pour la première et la dernière catégories, et une couche de 0ᵐ,45 pour les forêts. Si l'on néglige pour l'instant l'acide phosphorique en réserve (différence entre le poids de l'acide total et celui de l'acide assimilable), on a donc les chiffres suivants :

Une couche de { terres noires de 0ᵐ.15 contient . . . 2.641ᵏ ac. phosph. assim.
{ sol forestier de 0ᵐ.45   —   . . . 1.413ᵏ   —   —
{ sol agricole fumé de 0ᵐ.15 contient.   448ᵏ   —   —

Comparons à ces données les exigences des récoltes que nous tirons de ces différents sols.

Récoltes agricoles.

Assolement triennal : blé, avoine, jachère, 29ᵏ,2 d'acide phosphorique enlevé par la récolte, soit annuellement 10 kilogr. en chiffres ronds.

En supposant que l'on n'apporte pas à un sol agricole d'acide phosphorique du dehors sous forme de fumure ou autrement, l'acide phosphorique existant à l'état assimilable serait complétement absorbé dans le sol de Russie, ou dans les terres analogues après deux cent soixante-quatre ans ; dans les sols agricoles ordinaires, après quarante-cinq

ans. Or l'expérience nous apprend que, pour les sols
agricoles ordinaires, la fertilité irait rapidement en
diminuant si l'on cessait de les fumer, ce qui est une
nouvelle raison d'admettre que les végétaux exigent,
pour donner une bonne récolte, la présence dans le sol
d'une quantité d'aliments nutritifs (assimilables) bien supérieure au poids de ces mêmes aliments qui doit constituer
la récolte. On pourrait, d'après ces chiffres, admettre
que la proportion s'élève, pour l'acide phosphorique, au
moins à quarante ou à cinquante fois le poids des principes
nutritifs nécessaires à la récolte.

Récolte forestière.

S'il n'est pas facile, comme on le sait, d'estimer
exactement le rendement d'une forêt soumise à un régime
déterminé, futaies, taillis, etc., à bien plus forte raison, l'éva-
luation du produit des sols forestiers, pris en général,
offre-t-elle de grandes difficultés, sinon des impossibilités
absolues.

Je ne tenterai donc pas d'établir le rapport annuel moyen
en poids d'un hectare de forêt ; mais, grâce à l'obligeance
de deux de mes excellents collègues, MM. Bagneris et
Broillird, professeurs à l'école forestière, auxquels je dois
la plupart des sols forestiers que j'ai analysés, j'ai des
éléments suffisants pour déterminer le rendement de deux
forêts importantes, l'une de feuillus, Villers-Cotterets,
l'autre de résineux, Hérival.

Bois feuillu. — Hêtre. — L'échantillon de terre de Villers-
Cotterets que j'ai analysé a été prélevé dans la plus belle
futaie de hêtres de la France, dans le canton de Dayan-
court. Cette futaie a deux cents ans environ ; elle est formée
de hêtres de $0^m,70$ de diamètre à hauteur d'homme et de

45 mètres de hauteur. Le volume actuel de bois sur pied
est évalué à 900 mètres cubes à l'hectare. En admettant
comme poids moyen du mètre cube, 700 kilogr., on obtient
un poids total de branches, fûts et troncs, s'élevant à 630
tonnes métriques.

100 kilogr. de hêtre donnent 612 grammes de cendres,
contenant, pour %, $2^{gr},69$ d'acide phosphorique. Si l'on
suppose réduite en cendre la récolte d'un hectare de cette
forêt mis à blanc étoc, on aura un poids de cendres s'élevant
à 3,856 kilogr., et renfermant $103^k,7$ d'acide phosphorique.
En divisant ce poids par 200 qui exprime la durée de la
végétation de la forêt, on aura le poids de l'acide phosphorique enlevé chaque année au sol par le fût et les branches:
$103^k,7$ divisé par 200 donne $518^{gr},5$ d'acide phosphorique
puisé annuellement dans le sol par les hêtres. D'après Th.
Hartig, le poids des feuilles s'élève pour une futaie de
hêtres à 11,600 kilogr. environ par hectare. Mais ces feuilles
tombant des arbres sur le sol où elles se pourrissent,
n'enlèvent en réalité rien ou très-peu de chose au sol : on
peut donc les négliger au point de vue qui nous occupe.
D'une façon générale, il en est de même des fruits qui, dans
la plupart des forêts retournent à la terre qui les a produits. Si donc nous admettons un instant par la pensée que
la formation d'acide phosphorique assimilable cesse tout
d'un coup dans cette forêt, qui contient, à l'heure qu'il est,
à l'hectare, 939 kilogr. d'acide phosphorique à cet état,
nous voyons qu'elle pourrait encore suffire à une période
de végétation représentée par le quotient de 939 par 0,518,
soit à la production de bois pendant dix-huit cent treize
années consécutives. Quelle que puisse être l'exportation de
fruits, il est évident que le renouvellement constant de la
matière noire aidant, une forêt semblable sera pour un
temps illimité aussi fertile qu'elle l'est aujourd'hui, la seule

limite de sa fertilité étant la disparition de l'acide phosphorique réservé.

Bois résineux. — *Forêt d'Hérival* (Vosges). — Futaie de
sapins, mélangée de quelques hêtres. Sol produisant six
mètres cubes de bois pesant 444 kilogr. le mètre cube, à
l'hectare et par an. Le sapin des Vosges que j'ai analysé
m'a donné 1 p. % de cendres, contenant à leur tour 3,75
p. % d'acide phosphorique.

Six mètres cubes pèsent 2,664 kilogr. et donnent par
l'incinération 26^k,640 de cendres, renfermant 0^k,999 d'acide
phosphorique, soit 1 kilogr. en chiffres ronds. Le sol de la
forêt d'Hérival renferme 1,350 kilogr. d'acide phosphorique
assimilable à l'hectare, avec une réserve de 5,865 kilogr.
par la même surface. Dans la supposition d'un arrêt complet
de formation de matière noire, cette forêt pourrait donc
donner pendant 1,350 ans la récolte actuelle avant épuisement complet de son sol.

Ces deux exemples suffisent, je crois, pour montrer
comment, dans ma théorie du rôle de l'humus, la fécondité
illimitée des sols forestiers s'explique rationnellement.

Admettons maintenant pour un instant que les sols forestiers si riches de Villers-Cotterets et d'Hérival soient défrichés et que l'agriculture s'en empare, et cherchons ce qu'ils
deviendraient. La couche arable de 0^m,15 d'épaisseur
contient à Villers-Cotterets, 313 kilogr. d'acide phosphorique assimilable ; celle d'Hérival, 450 kilogr. Elles suffi-
raient au maximum, les premières à trente ans de récolte, la
seconde à quarante-cinq ans, puisque les récoltes les moins
intensives (assolement triennal avec jachère) enlèvent
annuellement 10 kilogr. d'acide phosphorique. De ces deux
terrains mis en culture, l'un serait moins riche d'un quart
que les sols agricoles moyens, l'autre atteindrait à peine
la fertilité moyenne de ces sols. Le défrichement de sembla-

bles terrains aurait donc pour résultat de transformer en terres de médiocre valeur des sols forestiers de premier ordre. Ce raisonnement s'appliquerait *a fortiori* aux forêts moins fertiles que les deux que je viens de citer : ce qui m'amène à la conclusion depuis longtemps déjà émise par tous les agents forestiers intelligents, à savoir que le défrichement des forêts actuelles, à de très-rares exceptions près, serait une opération désastreuse au point de vue de l'intérê général du pays.

En résumé, qu'il s'agisse de sols agricoles riches, de sols forestiers ou de sols agricoles médiocres, on constate, entre les rendements observés et la quantité de principes minéraux combinés aux matières organiques, un rapport étroit. Tout autorise, je crois, à considérer cette relation comme l'un des facteurs les plus importants de la fertilité des sols.

De l'origine de l'acide phosphorique dans les sols. — D'où vient l'acide phosphorique des terres arables ? A quel état de combinaison s'y trouve-t-il ? Telles sont les deux questions que j'ai été conduit naturellement à examiner dans le cours de mes études sur la nutrition. Je me réserve de publier plus tard l'exposé détaillé de mes recherches à ce sujet et leurs résultats, mais je puis faire connaître quelques rapprochements des chiffres consignés dans les tableaux I et II.

Les sols d'Hablainville (n° 3, tableau I), Saint-Michel, Gérardmer, Noirgoutte et Hérival, sols granitiques et porphyriques, renferment des proportions d'acide phosphorique variant entre 0,16 et 0,96 p. %. Le sol d'Hablainville ne contient que 0,06 p. % de chaux, les six autres en offrent à l'analyse des traces presque nulles. Il est manifeste que l'acide phosphorique n'existe pas à l'état de combinaison avec la chaux, à l'état de phosphate de chaux, dans ces sols. Déjà l'analyse des cendres de la matière noire nous a montré qu'elles contenaient 34,41 p. % de phosphate de fer et

2.66 p. % seulement de phosphate de chaux, cela semble
donc indiquer que c'est principalement à l'état de combinaison avec le fer et le manganèse que l'acide phosphorique
se rencontre dans les terres arables. Je reviendrai sur ces
observations en contradiction avec l'opinion généralement
admise que le phosphate de chaux est l'état sous lequel on
trouve généralement l'acide phosphorique dans le sol. J'ai
été frappé également de la richesse extraordinaire des sols
granitiques des Vosges, richesse qui n'avait pas, que je
sache, été signalée jusqu'ici. L'analyse des porphyres, granits et roches anciennes diverses dont la désagrégation
constitue seule les sols des Vosges, m'a prouvé que ces
roches sont la source de l'acide phosphorique comme de
tous les autres éléments de ces sols. Voici les taux centési-
maux d'acide phosphorique de quelques-unes de ces roches :

Granit commun des Vosges. . . . . 0.33 pour 100
Granits syénitique. . . . . 0.38   —
Granits porphyroïde . . . . 0.48   —

M. Ch. Sainte-Claire Deville a signalé autrefois la présence de l'acide phosphorique, en quantité notable, dans
certaines laves et autres produits volcaniques.

Dans les granits et porphyres, ce n'est pas non plus à
l'état de phosphate de chaux qu'on rencontre l'acide phosphorique, ces roches étant, comme les sols qui en provien-
nent, presque entièrement dépourvues de chaux.

VI. — *Applications à la fumure des sols.*

Arrivé à la fin de ce long exposé de mes recherches, il me
reste à présenter quelques considérations générales sur l'ap-
plication qu'on en peut faire dès aujourd'hui à la fumure des
terres, et notamment dans l'emploi des engrais minéraux.

Dans mon dernier article, j'ai terminé l'exposé des recher-

ches analytiques et des expériences relatives à la matière
noire auxquelles j'ai consacré près de deux années de travail.
Plus tard, lorsque mes essais en cours d'exécution seront
achevés, je reprendrai la question de l'assimilation par voie
de dialyse des principes minéraux du sol par les plantes ;
j'espère, d'après les résultats que me donnent les expériences
commencées depuis plusieurs mois, pouvoir ajouter quelques faits intéressants à cette partie de la physiologie végétale. Pour le moment, je me crois en droit de tirer de l'ensemble de mes études quelques conclusions utiles à la
pratique agricole. L'assentiment que je rencontre de la part
d'un grand nombre d'agriculteurs distingués de France et
de l'étranger, m'encourage à poursuivre mes recherches et
m'autorise à soumettre à mes lecteurs quelques projets
d'amendements et de fumure des terres arables dont les
résultats viendront, je l'espère, confirmer ma théorie du rôle
des matières organiques dans la fertilité des sols.

I. La conséquence nécessaire des faits contenus dans mes
précédents articles est la condamnation formelle des exagérations de M. G. Ville à propos des engrais minéraux. Le
lien étroit qui existe entre la présence des matières organiques dans un sol et sa fertilité met à néant des assertions
comme celles-ci : « La production du fumier a perdu sans
retour le caractère de nécessité imposée à la culture ; il n'y
a plus là qu'une question de convenance et de prix de
revient » ([1]). « Jusqu'à ces vingt dernières années on a pré-
tendu que le fumier était l'agent par excellence de la fertilité ; nous soutenons qu'en cela on a eu tort et qu'il est
possible de composer artificiellement des engrais supérieurs
au fumier et plus économiques ». Vraie dans certains cas,
celui d'un sol contenant des matières organiques en excès,

([1]) *Engrais chimiques*, 3e édition, p. 23.

mais peu riche en substances minérales fertilisantes, par exemple, cette dernière proposition, prise dans un sens absolu, est évidemment fausse. La théorie de l'alimentation minérale des végétaux est de tous points confirmée par mes recherches; ce sont les éléments inorganiques, potasse, acide phosphorique, chaux, etc., qui nourrissent la plante et lui permettent de se développer en empruntant à l'air et au sol le carbone et l'eau qui la constituent, en un mot les idées de Liebig et de son école reçoivent une complète consécration. Mais, en même temps, je démontre tout ce qu'il y a d'exact dans l'opinion des cultivateurs de profession à l'endroit de l'influence prépondérante des matières organiques des sols dans leur rendement en récoltes. Tout en mettant en relief l'insuffisance de la doctrine de Saussure, les faits que j'ai placés sous les yeux de nos lecteurs montrent que, fausse dans ses interprétations, la doctrine qui attribue à l'humus et en particulier au fumier une action fertilisante très-marquée a sa large part de vérité. Je concilie les deux théories opposées, j'explique les divergences si grandes qu'on observe dans l'emploi des engrais minéraux, et je fournis, je crois, de nouveaux et solides arguments en faveur de l'emploi du fumier dans les cultures normales. Il est incontestable, en dehors de toute expérience, que la matière organique n'est pas indispensable à la production de la substance végétale puisque l'on ne saurait douter, dans l'état actuel de la science, que notre planète ait été, à un moment donné, entièrement dépourvue de matière organique. Il a donc fallu que les végétaux prissent naissance uniquement à l'aide de principes minéraux. Les faits constatés dans le laboratoire relativement au rôle des éléments minéraux dans la nutrition sont donc venus démontrer expérimentalement une vérité à l'affirmation de laquelle conduit la simple induction. Les végétaux ont précédé l'humus à la surface

du globe, l'humus est un produit des végétaux. A côté de
ce point de vue, à mes yeux indiscutable et qui donnerait
au besoin à la théorie de la nutrition minérale un caractère
de vérité absolue, se présente une autre manière d'envisager
la question de la production agricole. S'il est vrai, histori-
quement et scientifiquement parlant, que les végétaux peuvent se nourrir exclusivement d'aliments inorganiques, il ne
l'est pas moins que les cultures ne sont réellement productives que là où le sol est abondamment pourvu à la fois de
principes minéraux et de substances organiques.

Renfermées tour à tour dans un exclusivisme dange-
reux, les théories des disciples de Saussure et de Liebig
n'ont envisagé respectivement que l'une des faces du
problème agricole et n'ont pu, par conséquent, lui
donner une solution conforme à la réalité, la fertilité d'un
sol dépendant à la fois de sa richesse en ces deux ordres
de matières. On se rapproche, je le pense du moins, de la
vérité en faisant la part de chacune des deux doctrines
et en empruntant à chacune d'elles ce qu'elle a de juste
et de conforme aux résultats séculaires obtenus par les
praticiens.

Pour ma part, je ne saurais trop m'élever contre les dan-
gereuses et inexactes assertions de M. G. Ville en ce qui
concerne le fumier de ferme et la possibilité de s'en passer
dans une exploitation normale. C'est le contraire qui est vrai :
le fumier est utile, très-utile, et partout on doit en poursuivre la production sur la plus large échelle. Je n'y insiste
pas, n'ayant aucun goût pour les discussions oiseuses et
n'aimant pas à enfoncer des portes ouvertes. Tous les agriculteurs sérieux sont convaincus à cet endroit et l'école
exclusive des engrais chimiques a fait son temps si tant est,
ce dont je doute encore, qu'elle ait jamais eu des adeptes
assez fervents pour détruire leur bétail, supprimer le fumier

de leur exploitation, et le remplacer partout par le soi-disant engrais complet du Muséum.

II. Dans les sols incultes de la Champagne ou des Landes, dans les terrains pauvres en acide phosphorique et en potasse, et dépourvus en même temps de matières organiques, on pourrait, je crois, tenter avec chance de succès des essais dont mes récentes études sur la matière noire me font bien augurer *a priori*. Sur plusieurs points de ces régions agricoles jusqu'ici pauvres en prairies et partant en bétail, l'introduction des engrais minéraux est une condition *sine qua non* d'amélioration foncière. Le chlorure de potassium et le phosphate de chaux sont appelés à rendre à ces régions les plus grands services ; mais, employés seuls, ils ont donné là où ils ont été essayés de médiocres résultats. S'il était possible de faire à bas prix avec des matières organiques, avec de la tourbe, par exemple, des composts formés de lits successifs de tourbe, de chlorure et de phosphate, et de répandre ensuite sur le sol, au moment du labour, le mélange abandonné à lui-même pendant quelques mois, nul doute qu'on n'arrive à des rendements supérieurs à ceux que donnent les sels de potasse ou de chaux employés seuls. L'essai fait dans mes cases de végétation l'indique. L'action des fumures minérales dans le sol tourbeux de Champigneulles, les résultats obtenus dans les tourbières de l'Allemagne à l'aide des sels de Stassfurt, la fertilité des prairies retournées additionnées de sels minéraux, tout semble prouver qu'on peut, en prenant comme point de départ d'expériences les données de mon travail sur la matière noire, arriver à communiquer une fertilité relativement considérable à des sols stériles jusqu'ici. Je désire vivement voir entrer les agriculteurs des régions dont je parle dans cette voie, et je me mets entièrement à leur disposition pour tous les renseignements qu'ils jugeraient utiles de me demander.

Si l'on arrive par des fumures de ce genre à mettre le
sol en état de porter des prairies naturelles et artificielles,
on fera une véritable conquête, puisqu'on pourra ensuite
élever du bétail et transformer en exploitations régulières
et productives des terres jusqu'ici incultes et perdues pour
tous. Dans l'emploi des tourbes comme amendement, facile
dans le Jura et dans la Champagne, si je suis bien renseigné,
il faudrait distinguer deux cas : suivant que les terrains
tourbeux qu'on exploiterait dans ce but seraient acides ou
non, on devrait procéder un peu différemment. Si les tourbes
sont acides, je conseillerais d'ajouter au chlorure de potassium et des phosphates de chaux une quantité de chaux
vive éteinte suffisante pour neutraliser l'acidité de la tourbe,
si l'on doit porter le mélange dans des terrains siliceux.
Dans le cas d'amendements de sols éminemment calcaires,
tels que la plupart de ceux de la Champagne, il n'y aurait
pas lieu de se préoccuper de l'acidité des tourbes. On devrait
faire des masses de tourbe et de sels minéraux d'un volume
suffisant pour permettre une sorte de fermentation qui faci-
literait sans doute la combinaison des matières minérales
avec la substance organique. Je fais de mon côté des essais
à ce sujet, je m'empresserai d'en publier les résultats; mais
la question mérite, je crois, d'être étudiée par les cultivateurs des régions intéressées à transformer en champs féconds
des landes stériles jusqu'ici.

Je suis tout naturellement conduit aussi à dire quelques
mots d'une question que j'ai toujours considérée comme ayant
une grande importance ; je veux parler de l'épandage des
engrais minéraux sur les fumiers. Il y a fort longtemps déjà
que je conseille aux agriculteurs de mon voisinage de répartir autant que possible les sels de potasse et les phosphates
de chaux qu'ils destinent à leurs champs sur leurs fumiers,
au lieu de les porter directement et isolément sur le sol à

l'époque du labour. A toutes les raisons déjà suffisantes que l'on a données pour encourager cette pratique, telles que fixation des produits volatils, diminution dans l'échauffement et dans la fermentation, meilleure conservation des fumiers, répartition plus égale des engrais, mes recherches viennent en ajouter d'autres. Si, comme l'ont montré mes essais comparatifs de culture dans des sols additionnés ou non de tourbe, l'assimilation des phosphates par les plantes est rendue notablement plus grande par la présence de la matière organique dans le sol, le mélange préalable des sels minéraux avec le fumier doit avoir pour résultat d'aider à la production de cette matière noire, dont j'ai démontré le rôle prépondérant dans l'assimilation. Ce que je conseille pour la tourbe, je le recommande à plus forte raison pour le fumier, qui, demeurant presque constamment en fermentation jusqu'au moment de son épandage dans les champs, peut s'enrichir sensiblement en principes fertilisants par un contact prolongé avec les phosphates et les sels de potasse. Rien ne serait plus facile, dans une exploitation bien organisée, que d'expérimenter méthodiquement ce système. Cela consisterait à répandre par petites quantités et régulièrement sur le fumier que l'on destine à un hectare de terre, par exemple, la quantité de chlorure de potassium et de phosphate de chaux que l'on se proposerait de donner au sol comme fumure complémentaire : il faudrait ensuite prendre deux parcelles bien comparables sous tous les rapports et porter séparément sur l'une les doses de fumier, de potasse et de phosphate auxquelles on se serait arrêté, tandis que l'on donnerait à l'autre les mêmes quantités de ces engrais, préalablement mélangées jour par jour et abandonnées ensemble à la fermentation. On ferait à part la récolte des deux champs, et l'on en déterminerait le poids en grains et paille, tubercules ou racines. Pour fixer les idées, supposons un cultivateur se proposant de fumer deux pièces de terre d'un hectare chacune, à raison de 25,000 kil. de fumier, plus 400 kilog. de phosphate de chaux et 250 kilogr. de chlorure de potassium ; connaissant la quantité de fumier qu'il enlève chaque jour ou chaque semaine de ses étables, selon le système adopté par lui, il s'arrangerait de manière à répartir uniformément les 400 kilogr. de phosphate et les 250 kilogr. de chlorure sur ces 25,000 kilogr. de fumier. D'autre part, il séparerait le même poids de fumier n'ayant subi aucune addition, placerait les deux tas dans les mêmes conditions de conservation et les répandrait dans les deux parcelles au même moment, en ajoutant le phosphate et le chlorure au sol. Je serais fort surpris que, toutes choses égales d'ailleurs, le champ fumé avec l'engrais préparé à l'avance par le mélange des trois matières fertilisantes ne lui donnât pas une récolte supérieure à celle du champ pris comme terme de comparaison. L'expérience est facile à faire et vaut, je crois, la peine d'être tentée.

Tous les procédés culturaux qui auront pour résultat d'augmenter simultanément la richesse du sol en matière organique et en substances minérales *assimilables* accroîtront en même temps sa fertilité ; de là, nécessité et avantage de la production la plus large de fumier de ferme, de l'utilisation des débris organiques, de l'emploi, partout où cela peut se faire à bas prix, des substances végétales infécondes par elles-mêmes, telles que les tourbes, mousse, feuilles sèches, etc., mais qui le deviennent en se combinant aux éléments minéraux pour les mettre à la disposition des plantes sous une forme assimilable.

La sciure de bois devrait également être essayée en compost avec les engrais minéraux, dont elle favoriserait la transformation. Il y a beaucoup de points où ces mélanges pourraient être faits à bon marché.

III. L'étude attentive de l'état de combinaison de l'acide phosphorique dans les sols m'a amené aussi à examiner la question des superphosphates. Dans les sols que j'ai analysés jusqu'ici, c'est principalement à l'état de phosphate de fer et de manganèse que j'ai rencontré l'acide phosphorique ; dans la cendre des matières noires des terres fertiles, on retrouve presque tout l'acide phosphorique sous forme de phosphates de fer et de manganèse, une faible partie de cet acide seulement est combinée à la chaux. Il semble donc que la majeure partie du phosphore que renferment les plantes est mise à leur disposition sous la forme de phosphates métalliques plutôt qu'à l'état de phosphate de chaux.

D'un autre côté, il est incontestable que dans tous les sols calcaires et ferrugineux le superphosphate de chaux passe très-promptement à l'état insoluble et se transforme soit en phosphate tribasique de chaux, soit en phosphate de fer.

Si l'on se reporte à l'essai fait dans mes cases de végétation avec du superphosphate de chaux et sans addition de terre tourbeuse, on voit que la dose de superphosphate a donné, dans le sol non additionné de tourbe, une très-minime récolte, comparativement avec celle qu'a fournie le même sol additionné de tourbe et ayant reçu une quantité égale de superphosphate. Du rapprochement de ces faits, je suis tenté de conclure que les agriculteurs, nombreux déjà, à ma connaissance, qui préfèrent le phosphate précipité, très-divisé, au superphosphate, parce qu'à prix égal le premier contient beaucoup plus d'acide phosphorique que le second, sont dans le vrai. Si, comme tout porte à le croire, d'après mes expériences, l'acide phosphorique assimilable immédiatement pour les végétaux est celui que l'analyse démontre être préalablement combiné aux substances organiques ; si,

d'autre part, on admet, ce qui paraît certain, que le superphosphate est promptement ramené dans le sol à l'état de
phosphate tribasique, on doit en effet donner la préférence
au phosphate précipité chimiquement, dont l'extrême téna-
cité correspond à celle du superphosphate rendu insoluble
par le calcaire du sol. Un mélange de sciure de bois et de
phosphate précipité équivaudra dans la plupart des cas à
un superphosphate de même richesse en acide phosphorique. Des essais directs et répétés dans des sols variés
donneraient à coup sûr des renseignements précieux. L'écart
considérable qui existe aujourd'hui entre les prix commer-
ciaux de l'acide phosphorique, suivant qu'il est ou non à
l'état de phosphate acide (1 fr. 25 à 0 fr. 80 le kilogr.), doit
attirer l'attention des cultivateurs sur le point que je signale
à leur expérimentation.

Un mot encore sur ces considérations pratiques et je ter-
mine. Plusieurs agriculteurs distingués m'ont fait l'honneur
de m'écrire au sujet de mes articles sur le rôle de la matière
noire ; je les remercie des appréciations très-bienveillantes
que renferment leurs lettres et je suis très-heureux des
témoignages qu'elles m'apportent ; tous mes correspondants
me disent que mes recherches leur expliquent de nombreux
faits relatifs à l'épuisement de leurs sols, à l'effet variable
des engrais employés par eux, etc... Cet accord des faits
étudiés dans le laboratoire ou dans des champs d'expériences très-restreints avec les observations recueillies par
d'habiles praticiens dans les exploitations étendues me confirment dans l'espérance que j'ai d'avoir fait faire un pas à
nos connaissances, si imparfaites encore, des causes de la
fertilité des sols : mais que mes bienveillants correspondants me permettent de le leur dire, je leur serais
bien plus reconnaissant encore s'ils voulaient se donner la
peine de publier, comme vient de le faire M. le docteur

Varrentrapp, dont on trouvera plus loin le mémoire, les faits constatés par eux sur leur domaine. Mon unique but étant de servir la science agricole, et non de prôner tel ou tel engrais plus ou moins incomplet, je m'estimerai toujours heureux lorsque j'aurai provoqué un bon essai ou amené un cultivateur intelligent à faire connaître à mes lecteurs le résultat de ses observations.

De l'ensemble des recherches dont j'ai fini, pour le moment du moins, le long exposé, me semblent se dégager quelques indications d'un intérêt pratique pour l'agriculture. Je demande la permission de les grouper ici en manière de conclusion :

1° La théorie minérale de la nutrition des plantes, telle que l'a développée son illustre auteur J. de Liebig, est absolument vraie. Tous les aliments des plantes appartiennent au monde inorganique.

2° La doctrine de l'humus, fausse dans l'interprétation que lui ont donnée ses partisans, se concilie parfaitement avec la théorie minérale quand on part des faits que j'ai précédemment exposés. L'alliance des deux doctrines dans les limites que j'ai tracées explique d'une façon rationnelle le rôle connexe des matières organiques et des principes minéraux des sols.

3° La doctrine exclusive de M. G. Ville, dite des engrais chimiques, n'est plus soutenable en présence des faits qui précèdent. Applicable à des cas particuliers, elle ne saurait être admise par la généralité des cultivateurs sans conduire à la ruine de ceux qui la pratiqueraient à la lettre.

4° Quoi qu'en dise l'ardent professeur du Muséum, la prairie et le bétail ne sont pas des hérésies ; en tout cas, grâce à Dieu, la culture française est tout entière encore aux mains intelligentes des hérésiarques. Plus que jamais il faut chercher à développer la production du fumier, l'amélioration dans les procédés de conservation et d'utilisation de cette précieuse substance. Il faut fumer les prairies; plus que toute autre nature de culture, ces dernières, par suite de leur richesse en matières organiques, sont aptes à recevoir utilement des engrais.

5° La fécondité étonnante de certains sols agricoles non fumés et la fertilité indéfinie des forêts reçoivent également une explication rationnelle et conforme aux faits que nous connaissons. Il faut se garder de défricher les forêts qui, à part tous les autres avantages qu'elles présentent, produisent en arbres des récoltes de haute valeur, alors qu'elles fourniraient, pour la plupart, des sols agricoles de très-médiocre qualité.

6° Il est possible d'améliorer les sols jusqu'ici incultes et stériles en y incorporant, quand cela se peut à bon marché, des matières organiques aptes à rendre assimilables les éléments minéraux des sols de terres.

7° Il importe, pour se rendre compte de la fertilité des sols, d'y doser les matières minérales combinées aux substances organiques. Mieux qu'aucune autre méthode d'examen, ce procédé analytique peut renseigner sur le degré actuel de fertilité d'une terre. Combinée au dosage des principaux éléments minéraux, cette indication fournira de précieux éléments d'appréciation au cultivateur.

En résumé, en agriculture comme en toute chose, les doctrines absolues sont funestes, quelque spécieux que soient les arguments employés pour les défendre; quelque habiles et affirmatifs que paraissent leurs apôtres, il faut s'en méfier, surtout lorsqu'elles conduisent à la négation de faits consacrés par une expérience séculaire. Les hommes qui prennent leur opinion pour une vérité indiscutable et qui font bon marché de l'œuvre de leurs devanciers peuvent éblouir un instant les esprits vulgaires par leur assurance; ils font des dupes, mais ne laissent rien après eux, si même ils ne voient pas s'écrouler de leur vivant l'échafaudage assis par eux sur des déclamations et des réclames. Travailler, observer, comparer et expérimenter sans idées préconçues et dans l'unique but de découvrir un coin de la vérité, telle est la voie la plus sûre.

L. GRANDEAU,

Directeur de la Station agronomique de l'Est.

Nancy, décembre 1872.

APPENDICE.

1. MÉMOIRE DE M. RISLER SUR L'HUMUS.

Notre savant collaborateur M. E. Risler, dont je tiens en si haute estime le caractère et les travaux, m'a adressé, au sujet de mes récents articles sur le rôle des matières organiques du sol, un remarquable mémoire sur l'humus, inséré en 1858 dans les archives de la Bibliothèque universelle de Genève. J'ignorais complétement, j'ai hâte de le reconnaître, l'existence de ce travail, dont l'analyse eût, sans cela, trouvé place depuis longtemps déjà dans l'historique que j'ai entrepris de la théorie de la nutrition des végétaux. Je m'empresse de réparer cette omission et de faire connaître à nos lecteurs le résultat des recherches de M. Risler. Qu'il me soit tout d'abord permis de témoigner la satisfaction que j'ai éprouvée à la lecture de ce mémoire, en constatant l'accord des idées de l'habile agronome de Calèves et des miennes sur l'importance fondamentale du rôle des matières organiques dans l'assimilation, par les plantes, des substances minérales. Avant de montrer par quelques rapprochements les points de contact de nos recherches et les divergences sur certaines interprétations, je vais donner sans commentaires l'analyse du travail de M. E. Risler.

L'auteur, après avoir rappelé les expériences de M. Th. de Saussure sur les extraits de terreau et l'opinion de Liebig sur l'origine du carbone des végétaux, pose ainsi la question : « La plupart des chimistes modernes qui se sont occupés de la nutrition des plantes ont passé sous silence la matière organique signalée par le savant Genevois. A les croire, il suffirait de mettre les terres dans les conditions physiques favorables à la végétation, et d'y ajouter les sels minéraux et les substances azotées que cette végétation exige. Mais les cultivateurs s'obstinent à attribuer la plus grande partie de la fertilité des sols à l'humus qu'ils renferment. Qui a raison ? L'humus nourrirait-il les chimistes en dépit de leurs théories ? » Avant d'entrer dans l'exposé de ses recherches personnelles, M. Risler résume les travaux de Sprengel sur la matière. Cet agronome distingué a étudié les combinaisons formées par l'acide humique, que Braconnot a le premier produit artificiellement, avec les bases que renferment d'ordinaire les sols arables. Il a trouvé que les

humates sont plus solubles dans l'eau que l'acide isolé et les a rangés,
d'après leur solubilité, dans l'ordre suivant :

Humate de potasse.	qui se dissout dans 1/2 partie d'eau.	
— de soude.	—	1/2 à 1
— d'ammoniaque	—	1 à 2
— de protoxyde de fer .	—	2
— de magnésie.	—	160 à 15° Réaumur.
— de protoxyde de manganèse	—	1.450
— de chaux	—	2.000
— d'oxyde de fer.	—	2,300
— d'alumine.	—	4.200

Sprengel a constaté que ces combinaisons sont beaucoup plus solubles
dans les dissolutions d'ammoniaque et de carbonate d'ammoniaque que
dans l'eau pure.

L'acide humique perd sa solubilité à 0 degré, et devient de plus en
plus soluble à mesure que la température s'élève. Il perd presque toute
sa solubilité par la dessication, mais il est très-hygrométrique, absorbe
94 p. °/₀ de son poids d'eau, et redevient ainsi peu à peu soluble. Exposé
à l'air, l'acide humique se transforme en acide carbonique et eau. Combiné avec les bases, il se transforme également en acide carbonique et
eau, mais beaucoup plus lentement que lorsqu'il est libre : à la place
des humates, il reste des carbonates.

L'acide humique est un acide plus énergique que l'acide carbonique.
Tels sont les principaux résultats des travaux de Sprengel.

M. Risler, après avoir rappelé sommairement les recherches de divers
chimistes sur la nature des composés noirs qu'on rencontre dans les
terres arables, arrive à l'exposé des expériences faites par lui et son
collaborateur, M. Verdeil, en 1852. En traitant par l'eau, à une température voisine de celle de l'ébullition, dix sols provenant du domaine de
l'Institut agronomique, les auteurs ont obtenu des solutions colorées en
jaune brun qui, évaporées à siccité, ont laissé un résidu composé de 33
à 70 p. °/₀ de matières organiques. Cette matière organique renfermait
de 1,5 à 2 p. °/₀ de son poids à l'état d'ammoniaque. Quant aux matières
minérales, elles se composaient en moyenne de :

Sulfate de chaux	31.06
Carbonate de chaux.	26.90
Phosphate de chaux.	6.69
Oxyde de fer.	1.60
Alumine.	0.30
Chlorures de potassium et de sodium	7.58
Silice	18.65
Potasse et soude des silicates	5.00
Magnésie	1.59

MM. Risler et Verdeil font observer avec raison qu'il faut attribuer à la substance organique une action sur la solubilité des principes minéraux que l'on retrouve dans les cendres de ces solutions, puisque la silice, le phosphate de chaux et l'oxyde de fer contenus dans cette solution, ne sont rendus insolubles dans l'eau que par la destruction de la matière organique à laquelle ils sont associés. Pour reconnaître, dit M. Risler, quelles sont les matières inorganiques qui, dans le sol arable, se sont dissoutes sous l'influence de cette substance organique, on peut encore, au lieu de détruire cette dernière par l'incinération, la laisser se détruire spontanément. Si l'on expose pendant quelques semaines un extrait de terre cultivée à l'air, il se produit des faits différents suivant les circonstances qui les accompagnent. Dans certaines conditions, et je suis porté à croire, d'après divers essais, que cela n'a lieu qu'à une température suffisamment élevée, il se forme dans le liquide des corps organisés, des espèces de conferves. Dans d'autres, et principalement quand le vase renfermant l'extrait offre un grand accès à l'air, la substance organique se décompose. Il se forme à la surface du liquide des pellicules d'un blanc jaunâtre qui tombent bientôt au fond, et qui, analysées, se montrent composées d'oxyde de fer, de silice, de phosphate de chaux et de sulfate de chaux. Ainsi, il faudrait admettre que cette substance organique exerce une action toute particulière sur la dissolution de l'oxyde de fer, de la silice, du phosphate et du sulfate de chaux, et partage cette action avec l'acide carbonique, pour le carbonate de chaux.

M. Risler a essayé de vérifier le fait directement pour ces diverses matières. L'intérêt tout particulier qui s'attache à ce sujet m'engage à reproduire la partie du mémoire qui a trait à ces expériences.

Sulfate de chaux. — J'ai montré, c'est M. Risler qui parle, qu'en mélangeant du terreau avec du plâtre, non-seulement l'eau extrait de ce mélange plus de sulfate de chaux que du plâtre isolé, mais aussi plus de substance organique que du terreau seul, ce qui ferait croire que l'action dissolvante de la substance organique sur le plâtre est réciproque, ou que la présence du sulfate de chaux modifie la décomposition du terreau, de telle sorte qu'il se forme plus de substance soluble. Cette seconde hypothèse est d'accord avec les faits suivants. J'ai mélangé intimement du plâtre avec du sucre. L'humidité atmosphérique qu'ils ont absorbée et le contact de l'air ont suffi pour transformer peu à peu le sucre à la température ordinaire, en une matière brune très-hygrométrique. Le mélange donnait une forte réaction acide. Une portion, traitée par la potasse, a donné, à l'approche d'une baguette trempée dans l'acide chlorhydrique, d'abondantes vapeurs de chlorhydrate d'ammoniaque. Serait-ce une confirmation de l'opinion de Muller et Lassaigne, d'après laquelle, pendant l'oxydation des substances organiques non azotées, il se formerait de l'ammoniaque aux dépens de l'hydrogène de l'eau et de l'azote de l'air? Quand j'ai ajouté une plus grande quantité d'eau, une substance organique noire a surnagé, une partie du plâtre et du sucre non décomposé est restée au fond du vase, et l'eau a dissous le reste du plâtre avec une matière organique jaunâtre qui offrait les caractères de celle que j'ai trouvée dans tous les sols fertiles. Après avoir filtré la solution saturée et recueilli 50 centimètres cubes de cette solution, j'y ai dosé 0gr,25 de sulfate de chaux, ce qui donne 0,5 parties de sulfate de chaux dissoutes dans 100 parties d'eau à environ 20 degrés. Or, selon M. Regnault, l'eau à 20 degrés ne dissout que 0,241 p. % de sulfate de chaux. Il faut donc admettre que la solubilité de ce sel a été augmentée par la présence de la matière dissoute.

Silice. — La seule manière dont on a pu s'expliquer jusqu'à ce jour la présence de la silice dans la plupart des eaux de source et dans les plantes est la suivante : la décomposition des matières organiques renfermées dans le sol fournit de l'acide carbonique qui sature les eaux, décompose les silicates, et forme avec les bases de ces derniers des carbonates solubles, tandis que la silice à l'état naissant se dissout également et peut être entraînée par les eaux dans les rivières ou pénétrer avec elles dans les plantes.

Or, l'acide humique de Sprengel a une affinité plus grande pour les bases que l'acide carbonique. La matière organique que je retrouve dans tous les extraits de terre cultivée ne peut pas non plus être chassée de ses combinaisons, si toutefois combinaisons il y a, par l'acide carbonique. Je m'en suis assuré en faisant passer dans les extraits un courant d'acide carbonique qui n'y a produit aucun précipité. D'après cela, il y a lieu de croire que les matières organiques solubles qui existent dans le sol en même temps que l'acide carbonique doivent s'emparer des bases des silicates plus rapidement encore que lui. Mais, comme il est impossible d'en faire l'expérience directe au moyen de cette substance organique, telle que les eaux l'extrayent des terres, complexe sans doute elle-même et combinée avec toute espèce de matières minérales, j'ai cru devoir employer à cet effet l'acide humique de Sprengel, qui, en vertu de son mode de formation facile à vérifier dans les laboratoires, est évidemment une des parties constituantes de cette substance organique, et j'ai pensé que, après avoir prouvé que la *partie* décompose les silicates mieux que l'acide carbonique, je pourrais conclure que le *tout* jouit de la même propriété.

Je dois remarquer d'abord que l'acide humique, tel qu'on l'obtient par l'action de la potasse sur le terreau et la précipitation par l'acide chlorhydrique, renferme presque toujours une certaine quantité de silice précipitée avec l'acide, après avoir été dissoute par la potasse. Avant de me servir de l'acide humique pour une expérience comparative entre les pouvoirs que possèdent cet acide et l'acide carbonique de désagréger les silicates, j'ai donc pris la précaution de doser la silice qu'il renfermait. Puis j'ai mélangé 50 grammes de feldspath finement pulvérisé avec 20 grammes d'acide humique humide, et j'ai ajouté un peu d'eau. J'ai laissé ce mélange pendant plusieurs mois exposé à l'air, mais à l'abri de toute poussière. D'autre part, un même poids de feldspath, avec la même quantité d'eau à peu près, a été soumis à l'action d'un courant d'acide carbonique et exposé dans les mêmes conditions que le mélange précédent. A de courts intervalles de temps, quand les matières étaient à peu près sèches, je les ai remuées; j'ai ajouté des deux côtés la même quantité d'eau, et j'ai fait passer dans le deuxième de l'acide carbonique. A la fin du troisième mois, l'acidité de l'acide humique avait complétement disparu. Au bout de cinq mois j'ai fait les extraits. Celui que m'a donné le feldspath traité par l'acide carbonique n'a laissé qu'une trace inappréciable à la balance de matière dissoute. L'autre, au contraire, renfermait 0^{gr},024 de silice. L'acide humique employé en contenait 0^{gr},003. Il s'est donc dissous 0^{gr},021 de silice.

On pourrait objecter que cette silice a été dissoute, grâce à l'acide carbonique produit par la décomposition de l'acide humique. L'acide chlorhydrique ajouté au mélange donnait, en effet, une très-légère effervescence, preuve qu'une portion des bases avait passé à l'état de carbonate. Mais l'acide chlorhydrique, ajouté à l'extrait par l'eau du mélange, produisit un précipité jaunâtre, qui était évidemment formé par l'acide humique uni aux bases.

L'acide humique concourt donc, avec l'acide carbonique, à décomposer les silicates et à mettre ainsi une certaine quantité de silice à l'état naissant, qui permet sa dissolution dans l'eau.

Mais la matière organique soluble possède-t-elle un pouvoir qui favorise la dissolution de la silice qui ne se trouve pas à cet état naissant, celle des quartz, par exemple? J'ai essayé en vain de mélanger du quartz finement pulvérisé avec de l'acide humique et de le traiter comme j'avais traité le feldspath, je n'ai pas réussi à en dissoudre.

Cependant on ne peut expliquer que par ce pouvoir le fait de la silice renfermée dans un extrait de terre et précipitée dès que la matière organique de l'extrait est détruite. Les cendres des plantes, et de même celles des résidus d'extraits de terre, renferment des silicates de potasse et de soude. Mais il est difficile de savoir si ces silicates existaient comme tels dans les plantes et les extraits, car l'incinération a pu les produire par la combinaison de la silice avec les bases des carbonates, humates, etc., c'est-à-dire par une sorte de vitrification.

Chaux. — Dans les extraits de quelques terres très-pauvres en chaux et très-riches en débris organiques, je n'ai obtenu par l'ébullition aucun précipité de carbonate de chaux. Par contre, il y avait du carbonate de chaux dans les cendres des résidus de ces extraits. Donc la chaux y avait été dissoute par une matière organique que l'incinération avait transformée en acide carbonique.

Dans la plupart des autres extraits que j'ai faits, l'ébullition donnait un précipité composé en majeure partie de carbonate de chaux. Donc les substances organiques solubles dans l'eau des terres arables concourent avec l'acide carbonique à dissoudre la chaux.

Réciproquement, la chaux vive favorise la formation de la substance organique soluble. On peut s'en assurer en chaulant un certain poids de terre, laissant un poids égal de la même terre sans addition de chaux et extrayant, quelques mois après, la matière organique par une même quantité d'eau.

Le carbonate de chaux tend également à modifier la décomposition des substances organiques, de manière à les rendre solubles; mais son pouvoir est plus faible que celui de la chaux vive.

Potasse. Soude. Ammoniaque. — Des expériences semblables à celle qui a été faite pour la chaux, constatent que les alcalis provoquent la production de la matière organique soluble.

Phosphate de chaux. — J'ai broyé du phosphate de chaux (obtenu par précipitation) avec de l'acide humique. J'en ai fait une solution saturée à la température de 20 degrés. J'ai filtré : 1,000 parties d'eau avaient dissous 1g,397 de phosphate de chaux et 0g,728 de matière organique. D'autre part, j'ai fait passer à plusieurs reprises un courant d'acide carbonique dans du phosphate de chaux trempé d'eau : 1,000 parties d'eau ont dissous 0g,1225 de phosphate de chaux. D'où je conclus que l'acide humique, ou du moins la matière organique qui s'était formée après plusieurs semaines d'exposition à l'air, possède la propriété de dissoudre le phosphate de chaux à un plus haut degré que l'acide carbonique. Comme 1,000 parties d'eau ne dissolvent à 20 degrés, que 0g,4 d'acide humique, il paraîtrait que le phosphate de chaux a favorisé la dissolution de la matière organique.

Oxyde de fer. — On sait depuis longtemps que la présence de matières organiques dans une solution qui contient de l'oxyde de fer empêche la précipitation de cet oxyde par l'ammoniaque. De plus, dans les terres calcaires, l'oxide de fer ne peut être dissous que par l'influence des matières organiques. Car, sous quelle forme pouvez-vous imaginer qu'il pénètre autrement dans les plantes? En présence d'un grand excès de chaux, le sulfate et le phosphate de fer ne peuvent pas exister.

Les recherches précédentes, ajoute M. Risler, ont donc bien établi que, dans les circonstances où la culture produit la décomposition, des matières minérales sont présentes en plus grande quantité.

Cette première partie du mémoire de M. Risler renferme des faits très-intéressants que mes études sur la matière noire de Russie confirment pour la plupart. La seconde partie de ce remarquable travail est consacrée à l'étude de l'humification du sol, c'est-à-dire des procédés naturels de formation de ces matières noires. L'auteur, reprenant ensuite les expériences de Saussure sur l'absorption de l'humus par les racines des végétaux, croit pouvoir conclure de ses recherches que les plantes puisent dans la solution humique une partie de leur carbone, contrairement à l'opinion de Liebig. Le sujet est très-délicat, la décoloration d'une solution brune d'humus sous l'influence de la végétation d'une plante dont les racines ne reçoivent pas d'autre nourriture ne prouve pas d'une façon absolue que ces racines absorbent le charbon : il faudrait, pour qu'on fût autorisé à tirer cette conclusion, démontrer qu'au contact de l'air et des racines il ne se produit pas une combustion lente ayant pour résultat de détruire le charbon de l'humus, en le transformant en acide carbonique, tandis que les matières minérales de la solution pénètrent seules dans le végétal, comme je serais tenté de le croire d'après mes essais de dialyse de la matière noire. M. Risler dit, page 20 de son mémoire : « Puisque les matières minérales auxquelles les substances organiques sont intimement liées se précipitent, quand ces dernières sont détruites, il faut bien admettre que les plantes ne ne peuvent absorber les unes sans les autres. » Si je ne me trompe, le phénomène que j'ai observé en dialysant une solution de matière noire est de nature à atténuer la valeur de ce raisonnement. J'ai constaté en effet que le passage à travers la membrane végétale s'effectue seulement d'une manière nette pour les substances minérales, et que le liquide restant sur le dialyseur va s'enrichissant en matières organiques puisqu'il s'appauvrit en principes minéraux. Mais, je le répète, le sujet est délicat, il est difficile d'instituer des expériences directes de nature à écarter toute objection. Je poursuis mes recherches à ce sujet ; les résultats que j'obtiens jusqu'ici par diverses méthodes semblent confirmer l'hypothèse que j'ai formulée sur le rôle de véhicule que joueraient, dans l'assimilation, les substances organiques, et j'ajournerai au moment où je pourrai publier des résultats définitifs, la discussion sur cette phase encore obscure de la nutrition.

En attendant, je suis très-heureux de voir que, partis de deux points de vue différents, nous arrivons, M. Risler et moi, à confirmer et à mettre de nouveau en évidence l'utilité des matières organiques dans la végétation, et partant, la nécessité de conserver, partout où on le peut, le fumier de ferme comme base de toute fumure rationnelle et économique.

Les exagérations des doctrines de Liebig par M. G. Ville n'auraient-elles pour résultat définitif, ce que je ne recherche pas en ce moment, que de provoquer la discussion sur la valeur comparative des deux systèmes de fumure ; n'aboutiraient-elles, à l'encontre du but qu'il se propose, qu'à remettre une fois de plus en lumière la valeur du fumier de ferme, la nécessité d'en produire, les avantages et les profits d'un nombreux bétail, que l'agriculture française devrait encore de la reconnaissance à l'ardent professeur du Muséum.

II. L'EXPLOITATION DE NILKHEIM, PRÈS ASCHAF-FENBURG (1), DE 1850 A 1872.

Encouragé par les instances réitérées du professeur J. Liebig, je me décide à publier les renseignements suivants sur mon exploitation. Mon sol, à en juger par sa constitution physique, est un sol à seigle et à avoine; il semble moins apte à porter du froment ou de l'orge. Il y a vingt-cinq ans, peu de temps avant que je fisse l'acquisition de cette terre, on soumit au roi, qui la voulait acheter, l'avis que, donnée, elle serait encore trop chère ; celui qui l'estimait si bas me donna, à notre première rencontre, le conseil réfléchi de la parer de mon mieux et de m'en défaire le plus tôt possible, pensant que tous les capitaux que l'on y engagerait seraient perdus. Le fils, alors âgé de seize ans, du cultivateur qui la régissait depuis de longues années, offrit au nouveau fermier de faire le pari que, sur tout le bien, il ne pousserait pas un grain d'orge. Aujourd'hui encore, j'entends dire aux vieux cultivateurs qui n'ont pas revu depuis trente ans la ferme, bien connue à raison du beau site où elle se trouve, que le souvenir de son infertilité sans remède est resté dans leur esprit. A part la beauté et l'agrément du lieu d'habitation, personne ne trouvait aucun éloge à faire de cette propriété.

L'aspect de ce bien était d'autant plus désolé qu'une partie du sol décoloré et rendu poudreux par suite du manque d'humus donnait, sous l'influence du moindre vent, des nuages de poussière ; une autre partie, par défaut de labours, était couverte de chiendent ; un tiers de la surface n'avait jamais été cultivé ; les deux autres avaient reçu des labours de trois à quatre pouces au plus. Une seule circonstance était favorable ; le sol semblait partout capable de donner du trèfle et de la luzerne ; il n'était donc pas si dépourvu de calcaire et d'argile que l'on était porté à le croire à première vue.

La culture du trèfle pouvait servir de point de départ aux améliorations : création et extension des prairies artificielles, augmentation du bétail, labours profonds, tels furent les moyens à l'aide desquels mon régisseur d'alors, homme très-intelligent, améliora considérablement la propriété, tandis que, lui abandonnant la direction de l'exploitation, je me livrais tout entier à l'étude.

(1) Cette note a été présentée à l'association centrale de la Basse-Franconie en août dernier. La confirmation pratique que mes recherches sur les causes de la fertilité reçoivent des faits contenus dans cette communication m'a engagé à en donner la traduction à nos lecteurs. Les recherches de laboratoire et les essais physiologiques de végétation doivent conduire à des résultats que la pratique agricole confirme. J'enregistre donc avec reconnaissance les faits que veulent bien me communiquer les agriculteurs. Je remercie M. Liebig et Varrentrapp, qui ont bien voulu tous deux me faire part des observations très-précieuses pour moi recueillies à la ferme de Nilkheim.   L. GRANDEAU.

A la fin de 1850, le fourrage manqua par suite de l'extrême sécheresse. A cette pénurie vint s'ajouter la péripneumonie, qui réduisit mon bétail à un petit nombre de têtes. L'état des champs fit un pas rétrograde. L'amélioration, fondée principalement sur l'extension de la culture fourragère, ce qui revient au même, sur la production d'humus, ne parut pas devoir se maintenir. C'est à cette époque que je pris en main la direction de l'exploitation. Je venais d'étudier la dernière édition de la *Chimie agricole* de Liebig. Je savais qu'aux lieu et place de ma ferme avait été édifiée déjà, du temps de Charles-le-Grand, une église devenue plus tard le siége d'une juridiction seigneuriale dont les habitants avaient disparu par suite de la peste et de la guerre de Trente ans. Je savais, en outre, que les terres du village, éloignées d'une lieue, avaient été cultivées aussi longtemps qu'elles avaient suffi à l'acquittement de l'impôt, et que ce territoire, jadis fertile, avait fini par tomber aux mains du fisc. J'avais donc toute raison de conclure que l'on avait enlevé systématiquement à mon sol, durant des siècles, les éléments minéraux nutritifs, et que la restitution des matières minérales rendrait à la terre sa fertilité première.

Dans cet espoir, de l'automne de 1853 au printemps de 1860, je portai à l'hectare, sur une surface d'environ 200 hectares, 400 kilogr. d'acide phosphorique soluble sous forme de superphosphate (20 quintaux métriques de superphosphate à 20 p. °/₀ d'acide soluble).

Le Dr Hitger, aujourd'hui professeur à l'Université d'Erlangen, qui a analysé plusieurs échantillons provenant de mon exploitation, dit dans son *Annuaire* de 1860 : « Les échantillons soumis à l'analyse appartiennent aux terrains sableux ; mais ils ont reçu des améliorations foncières, car partout on rencontre, à l'état soluble, les principaux aliments minéraux des plantes : potasse, acide phosphorique, etc. »

La constatation, par voie chimique, de la solubilité des principes nutritifs se trouve confirmée par la détermination botanique des mauvaises herbes qui croissent spontanément dans les champs, les composées s'étant partout substituées au chiendent qui croissait à leur place il y a vingt ans. On a peu employé les engrais de commerce azotés, la très-forte fumure au superphosphate ayant fait laisser de côté, pendant les premières années, tous les autres engrais. De plus, le superphosphate avait permis d'arriver à une production considérable de ces végétaux qui accumulent dans le sol par leurs racines, au profit des cultures qui leur succèdent, une grande quantité d'azote emprunté à l'atmosphère. Enfin la grande extension de la culture fourragère amenait une production considérable d'engrais azotés concentrés. (Je comptais alors 200 têtes de bétail pour 300 hectares de terre, prés et forêts.)

Une douzaine d'essais d'engrais potassiques ont été faits ; tous ont donné des résultats négatifs, ce que je prévoyais d'ailleurs, parce que la propriété recevait, depuis soixante-dix ans, des eaux provenant de prairies apportant au sol, comme le démontre l'analyse, des quantités de potasse notables. L'importation annuelle de potasse dépassait, pour mes terres, depuis longtemps, l'exportation par les eaux d'irrigation.

Après être resté quatre ans sans employer de superphosphate, j'obtins même de beaux rendements en céréales; je crois l'avoir démontré, et cela sur une grande surface de terrain, ce qui est nié encore par certains agriculteurs, à savoir que le superphosphate employé à haute dose n'enrichit pas seulement le sol pour une ou deux années, mais qu'il augmente d'une façon durable la fertilité des terres. En augmentant la richesse en humus à l'aide d'un nombreux bétail, je crois avoir empêché l'acide phosphorique de devenir progressivement insoluble ; j'estime que le capital acide phosphorique engagé en une fois dans le sol est maintenu constamment, sous l'influence des matières organiques, à un état assimilable pour les plantes. Je m'appuie en cela sur la théorie de Grandeau, d'après laquelle les éléments minéraux nutritifs du sol ne sont réellement mis à la disposition des végétaux que par leur combinaison avec les matières organiques. Grandeau a montré, par l'analyse de quatre sols très-caractéristiques, que le dosage des éléments minéraux combinés à l'humus peut seul donner une idée exacte de la fertilité actuelle d'un sol. J'ai reconnu presque complétement inutile l'emploi des engrais azotés, peu rémunérateurs par suite de leur prix élevé, et me fondant sur la doctrine de Liebig, j'ai réussi à ramener à un état de fertilité durable une propriété d'assez grande étendue, depuis quelques années complétement stérile.

Sur le domaine de Nilkheim, la culture de l'avoine est complétement installée depuis quelques années, celle du seigle très-sensiblement réduite ; le blé et l'orge, qui correspondent le mieux, tous deux, au climat, sont maintenant mes récoltes principales en céréales. Mon orge a un poids spécifique fréquemment supérieur à celui des orges renommées au loin de la Franconie.

Nilkheim, près Aschaffenburg, août 1872.

Dr F. VARRENTRAPP.

Nancy. — Imprimerie Berger-Levrault et Cie.